Ahmed Abdelaziz
Ang Tan Fong

Portal de comércio eletrónico baseado no campus

Ahmed Abdelaziz
Ang Tan Fong

Portal de comércio eletrónico baseado no campus

Aplicação baseada na Web

ScienciaScripts

Imprint

Any brand names and product names mentioned in this book are subject to trademark, brand or patent protection and are trademarks or registered trademarks of their respective holders. The use of brand names, product names, common names, trade names, product descriptions etc. even without a particular marking in this work is in no way to be construed to mean that such names may be regarded as unrestricted in respect of trademark and brand protection legislation and could thus be used by anyone.

Cover image: www.ingimage.com

This book is a translation from the original published under ISBN 978-3-330-34688-8.

Publisher:
Sciencia Scripts
is a trademark of
Dodo Books Indian Ocean Ltd. and OmniScriptum S.R.L publishing group

120 High Road, East Finchley, London, N2 9ED, United Kingdom
Str. Armeneasca 28/1, office 1, Chisinau MD-2012, Republic of Moldova, Europe
Printed at: see last page
ISBN: 978-620-7-73206-7

Capítulo 1

1.1 Visão geral do portal de comércio eletrónico

O significado de comércio eletrónico tem mudado ao longo do tempo. Inicialmente, o comércio eletrónico significava a facilitação de transacções comerciais por via eletrónica, normalmente utilizando tecnologias como o intercâmbio eletrónico de dados (EDI, introduzido no final da década de 1970) para enviar documentos comerciais como ordens de compra ou facturas por via eletrónica. Mais tarde, passou a incluir actividades mais precisamente o comércio na Web, em que a compra de bens e serviços na World Wide Web é feita através de servidores seguros com carrinhos de compras electrónicos e com serviços de pagamento eletrónico, como autorizações de pagamento com cartão de crédito.

1.2 Portal de comércio eletrónico

Um portal é um sítio Web ou uma área dentro de um sítio Web que atrai visitantes com base no seu conteúdo. Enquanto os sítios de compras em linha fornecem informações sobre produtos, um portal contém informações, produtos, jogos ou outras características que fornecem às pessoas informações não relacionadas com um produto específico. As pessoas utilizam estes portais de motores de busca como trampolins para encontrar informações na Internet. Numa escala mais pequena, existem portais de nicho (também designados por portais de centro). O objetivo dos portais de nicho é servir de ponto de partida para as pessoas interessadas num determinado assunto, como uma indústria, um produto ou um serviço (Anite Rosen, 2002).

1.3 Comércio eletrónico no campus

O comércio eletrónico no campus é um modelo de negócio totalmente novo, com perspectivas micro e macro. O microcomércio do campus ou a transação eletrónica do campus refere-se a várias actividades comerciais que os estudantes e os funcionários realizam no campus por meios electrónicos. O macro comércio eletrónico do campus, também designado por campus digital, refere-se às actividades digitalizadas de vários departamentos, incluindo o ensino eletrónico, a administração eletrónica, os assuntos gerais electrónicos, o comércio eletrónico, a clínica eletrónica, o ensino em linha, a biblioteca digital, o laboratório digital, etc., entre os quais o comércio eletrónico é uma das actividades mais importantes.

1.4 Características do comércio eletrónico no campus

No que respeita às operações comerciais, o comércio eletrónico universitário é semelhante ao comércio eletrónico tradicional e desempenha as funções de troca de bens e serviços através de redes. Mas, em comparação com o comércio eletrónico tradicional, o comércio eletrónico universitário tem as seguintes características

Bom ambiente de rede

As universidades não são apenas as instituições baseadas no conhecimento, mas também os locais mais populares para aplicações informáticas. A maioria das universidades, ou instituições de ensino superior, construiu intranets, que facilitam a rotina diária dos estudantes dentro do campus. Os sítios Web do campus funcionam 24 horas por dia com despesas muito reduzidas. A maioria dos departamentos, divisões e dormitórios do campus estão ligados por LAN, de modo a que a informação possa ser partilhada e a eficiência e otimização possam ser alcançadas. Além disso, as universidades dispõem de laboratórios avançados, que facilitam a prática do comércio eletrónico pelos estudantes.

Grupos de consumidores estáveis

Em comparação com outros, os grupos de consumidores estáveis de estudantes e professores no campus não são replicáveis. Os estudantes universitários têm muitos interesses em comum com comportamentos de consumo semelhantes. A mobilidade de milhares de estudantes todos os anos proporciona um fluxo de sangue fresco para o comércio eletrónico do campus. Os grupos de consumidores do campus universitário são de grande potencial e estão abertos a coisas novas. Têm normalmente entre 18 e 25 anos, com um forte desejo de conhecimento e interesse pelo comércio eletrónico. O atual ambiente de rede e os grandes consumidores potenciais abriram o caminho para o êxito do comércio eletrónico universitário.

Sistema de pagamento seguro

A segurança da rede e os riscos de pagamento são os dois obstáculos ao desenvolvimento do comércio eletrónico. As redes do campus estão normalmente ligadas à Internet e à extranet através de uma firewall, de modo a garantir a segurança da rede.

Distribuição física conveniente

O armazém está estrategicamente localizado dentro do campus para servir todos os professores e estudantes que vivem nas imediações do campus.

Nesta investigação, será criado um portal de comércio eletrónico baseado no campus, tendo em conta as questões de segurança relacionadas com as transacções envolvidas na prática comercial do comércio eletrónico. Também se centrará na visão geral do sistema de comércio eletrónico e analisará várias técnicas e métodos aplicados para garantir a segurança, fiabilidade e eficiência do sistema. O projeto será desenvolvido utilizando ASP.NET 2.0 e a base de dados SQL Server2005. Esta aplicação tem sido amplamente utilizada em muitos sítios Web não estáticos na Internet, uma vez que a combinação destas duas aplicações é perfeita para construir sítios Web não estáticos poderosos.

1.5 Motivação

A prática atual de os estudantes afixarem os seus anúncios em todo o campus e à sua volta é um processo moroso que tem muitas desvantagens, como o facto de os estudantes do sexo masculino só poderem afixar os seus anúncios em albergues masculinos e vice-versa, o que restringe as suas hipóteses de conseguir que mais clientes (estudantes) reparem nos anúncios.

Ao implementar este sistema, podem vender os seus artigos através da Internet, onde a informação pode ser facilmente acessível a muitos estudantes universitários. A maioria dos sistemas de pagamento de compra e venda em linha é efectuada através de cartões de crédito. Para aceitar pagamentos com cartão de crédito no nosso sítio Web, precisamos de uma conta de comerciante na Internet num banco (conhecido na linguagem do comércio eletrónico como **"adquirente"**). Uma vez que não estamos em condições de obter essa conta, devido ao elevado custo, o sistema não processará, nesta fase, transacções com cartões de crédito.

O principal objetivo do sistema é criar um ambiente seguro onde o vendedor e o comprador se encontram sem o envolvimento de terceiros ou intermediários, diminuindo assim o preço das mercadorias ao mínimo sem custos adicionais incorridos pelo vendedor e pelo comprador.

1.6 Limitação do sistema

O sistema é independente de todos os outros sistemas da universidade, o que significa que não partilham a mesma base de dados central da universidade. Por conseguinte, algumas informações como a administração, a admissão, a gestão dos cursos, as inscrições, as finanças e a gestão dos recursos não serão integradas no portal eletrónico do campus.

1.7 Objectivos

Os objectivos desta investigação são:

1) Conceber uma estrutura para um portal de comércio eletrónico baseado no campus.

A estrutura do Portal de Comércio Eletrónico da Universidade da Malásia (UMEP) consistirá numa arquitetura de três níveis, composta por três nós, nomeadamente clientes, servidores de aplicações e servidores de bases de dados.

2) Desenvolver e implementar um portal de comércio eletrónico baseado no campus.

A UMPE permite aos estudantes vender e comprar em linha artigos como livros, computadores e presentes. A UMEP permite que os utilizadores (estudantes e docentes) participem nos leilões em linha.

3) Aplicar várias técnicas de segurança no portal e commence.

A UMEP utilizará as várias técnicas atualmente disponíveis no mercado para proteger o sistema contra potenciais piratas informáticos e roubo de identidade.

1.8 Âmbito do projeto

O sistema destina-se a completar três módulos, nomeadamente, o módulo de comércio eletrónico, o módulo de leilões e o módulo de segurança

O sistema terá geralmente dois tipos principais de utilizadores

■ Administrador

Estudantes (nível de utilizador), proponente (nível de utilizador)

Para além dos objectivos do projeto, o âmbito do projeto é definido a fim de fornecer uma orientação de base que permita a realização da investigação no quadro proposto. As declarações que se seguem resumem o âmbito do projeto de acordo com os objectivos definidos

Estudar e explorar o portal de comércio eletrónico em linha existente no campus.

Estudar e explorar todos os componentes relacionados com o sistema de comércio eletrónico baseado na Web.

Estudar e explorar alguns dos possíveis factores que influenciam direta e indiretamente o portal de comércio eletrónico e investigar as possíveis soluções.

Construir uma estrutura capaz de suportar aplicações baseadas na Web e permitir o desenvolvimento do portal de comércio eletrónico do campus com base na estrutura proposta.

Propor um sistema de segurança que satisfaça as necessidades do portal e se mantenha fiel ao quadro proposto.

Estudar as tecnologias mais recentes e utilizá-las no desenvolvimento de sistemas.

O âmbito do projeto não estudará o desenvolvimento do módulo de inscrição dos estudantes, do módulo de registo dos estudantes e do módulo financeiro.

O âmbito do projeto limita-se apenas aos estudantes e funcionários da UM, mas se os professores quiserem participar nos leilões podem fazê-lo, uma vez que o sistema de registo não necessita de especificar o número de registo do estudante.

1.9 Resultados previstos

Espera-se que o sistema reduza o tempo e os custos para os estudantes que pretendem vender e comprar os seus artigos. Este sistema destina-se a completar três módulos, nomeadamente, o módulo de comércio eletrónico, o módulo de leilão e o módulo de segurança

O sistema terá também uma interface gráfica de utilizador atraente, simples e fácil de ler. A utilização das cores será escolhida com cuidado para tornar o sistema mais fácil de utilizar e interessante. Além disso, o portal de comércio eletrónico da UM dará solução aos problemas enfrentados pela UM e satisfará as necessidades dos utilizadores.

1.10 Significado do sistema

O significado do projeto pode ser percebido em:-

Atualmente, a universidade não dispõe de um portal de comércio eletrónico baseado no campus.

Este projeto pode ser aplicado no modelo de negócio da vida real.

Este projeto pode ser utilizado como um mercado intermédio ou virtual para compradores e vendedores.

Ao utilizar o portal, o vendedor não precisa de se preocupar em colar os anúncios em todos os blocos.

Um público maior e mais vasto, aumentando assim as hipóteses de vender os artigos e de os compradores conseguirem boas pechinchas.

1.11 Calendário do projeto

O calendário do projeto estende-se de janeiro de 2006 a novembro de 2006. A Figura 1.1 mostra o calendário do projeto e as tarefas para as fases de Revisão da Literatura, Captação de Requisitos, Análise e Conceção, Desenvolvimento do Sistema, Testes e Entrega e Aceitação do projeto.

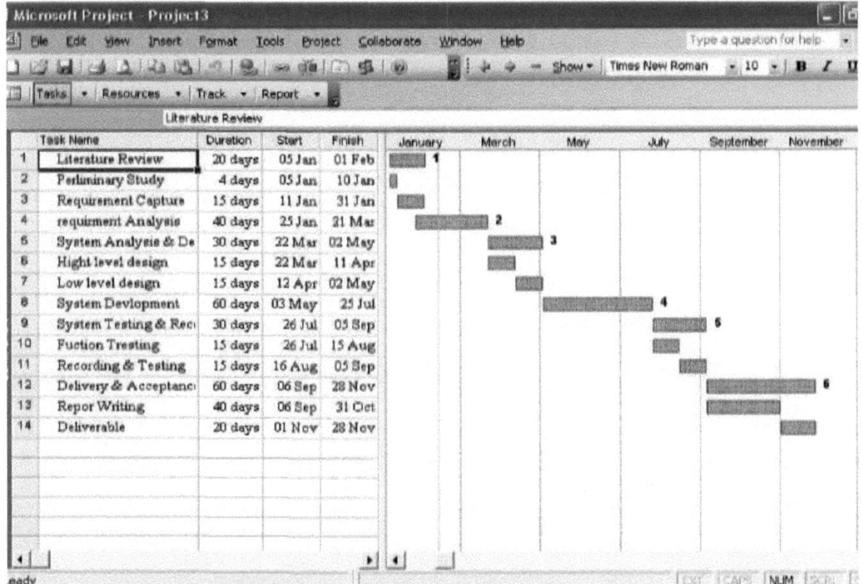

Figura 1.1: Calendário do projeto

1.12 Organização da dissertação

O presente relatório é composto por sete capítulos e a sua origem é descrita de seguida:

▪ Capítulo 1: Introdução

O capítulo 1 apresenta um resumo do portal de comércio eletrónico do campus, com destaque para os aspectos tecnológicos e uma breve explicação sobre o portal de comércio eletrónico do campus. Este capítulo apresenta uma panorâmica do sistema, a motivação, o objetivo, o âmbito do sistema e o calendário do projeto

Capítulo 2: Revisão da literatura

No segundo capítulo, são efectuadas revisões em todas as áreas necessárias que são relevantes para a tese, e são apresentados três estudos de caso sobre o portal universitário existente. Os estudos incluem todos os caminhos de desenvolvimento que conduzem às principais tecnologias utilizadas no projeto. Também é feita uma análise das ferramentas de desenvolvimento que foram consideradas para utilização neste sistema

Capítulo 3: Metodologia

Este capítulo descreve a metodologia utilizada nesta investigação. Descreve as diferentes formas e técnicas utilizadas para desenvolver todo o sistema.

■ Capítulo 4: Análise do sistema

Este capítulo apresenta os pormenores dos requisitos do sistema, incluindo os requisitos funcionais e não funcionais, os requisitos de hardware e software, bem como o fluxo dos eventos que ocorrem entre o utilizador e o sistema.

■ Capítulo 5: Conceção do sistema

Este capítulo descreve em pormenor a conceção do sistema, a conceção da base de dados e a conceção da interface do utilizador

■ Capítulo 6: Implementação e teste do sistema

Este capítulo centra-se no ambiente e na estratégia de desenvolvimento. Para além disso, apresenta o processo de teste e as várias técnicas de teste

Capítulo 7: Avaliação do sistema

Este capítulo aborda os problemas encontrados, os pontos fortes do sistema, as limitações do sistema, as melhorias futuras e os conhecimentos e a experiência adquiridos com o sistema.

Capítulo 2

Revisão da literatura

2.1 Introdução

Este capítulo aborda o estudo dos sistemas de portais universitários de comércio eletrónico existentes na Internet. Além disso, o capítulo aborda as cinco tecnologias mais recentes que funcionam em conjunto para criar um ambiente seguro para as compras em linha.

2.2 Estudo de caso

2.2.1 Universidade de Bethel

http://www.bethel.edu/campus-store/

A Bethel University oferece um ensino superior excecional, integrando uma vasta escolha de programas académicos sólidos com actividades de investigação vitais. Aproximadamente 5.600 alunos estão matriculados em quase 100 programas de graduação, pós-graduação e seminário através da Faculdade de Artes e Ciências, do Seminário Bethel, da Faculdade de Estudos para Adultos e Profissionais e da Escola de Pós-Graduação.

A universidade tem uma loja em linha que responde às necessidades da população em crescimento, que é maioritariamente constituída por estudantes, e que lhes permite fazer compras em linha de muitas coisas, como roupa, música e cartões de oferta, para citar algumas.

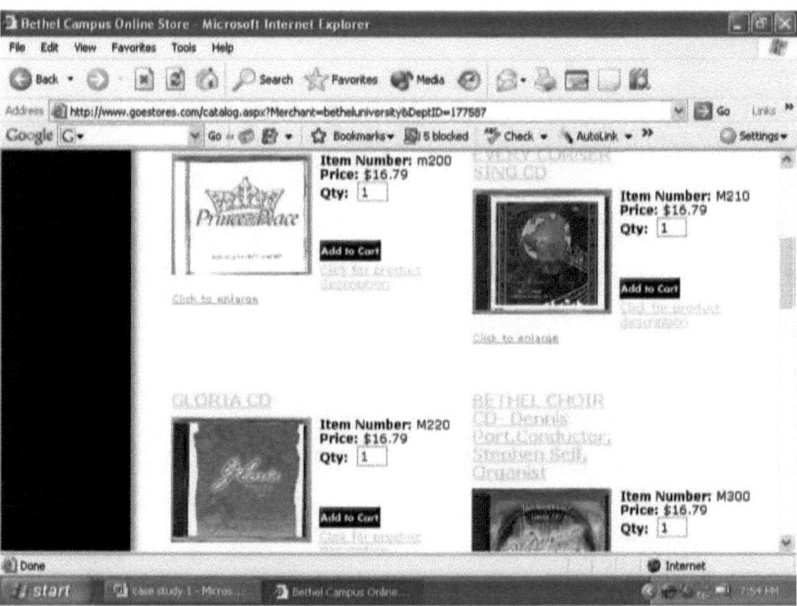

Figura 2.1: Loja online do campus da Universidade de Bethel

o **Características da Loja Online do Campus Bethel:**

Motor de pesquisa: o sítio Web dispõe de um motor de pesquisa simples mas potente. O motor de busca é capaz de fazer corresponder os pedidos dos clientes à base de dados da Loja Online do Campus de Bethel de uma forma muito eficiente.

Pagamento online: O sistema de pagamento online foi desenvolvido e suportado pela GoEmerchant, que segue o princípio da "necessidade do comerciante" de um sistema de produção de transacções online seguro e de fácil implementação e utilização para a construção de lojas na Internet. O GoEmerchant oferece o mais alto nível de segurança contra fraudes com cartões de crédito e está em conformidade com o Programa de Segurança da Informação do Titular do Cartão (CISP) da Visa USA.

Carrinho de compras: A Loja Online do Campus de Betel tem características simples e padrão, tais como apagar itens, editar quantidade, continuar a comprar e proceder ao check-out, que podem ser encontradas em todos os carrinhos de compras na web atualmente. Uma das características do carrinho de compras permite que os utilizadores adicionem artigos ao carrinho de compras sem terem de se registar primeiro, o que significa que a loja em linha utiliza a variável de sessão.

- o **Pontos fracos**

  Função insuficiente

  ligações insuficientes de e para outros sítios Web

  Sem restauro

2.2.2 Livraria da Universidade do Havai

http://www.bookstore.hawaii.edu/manoa/

A filial principal da Livraria da Universidade do Havai está localizada no campus de Manoa da Universidade do Havai, no coração do Campus Center. Para além disso, o sistema de Livraria da Universidade do Havai é composto por sete filiais, uma Livraria Médica, um Programa de Divulgação e duas lojas de artigos RainBowTique.

Neste estudo de caso, analisaremos a livraria em linha Hawai'i's **Manoa**, que se insere em quatro categorias: livros didácticos, livros gerais, mercadorias com logótipo e informações informáticas. Há subcategorias divididas a partir das categorias principais. A livraria Hawai'i's **Manoa** aceita VISA, MasterCard e JCP.

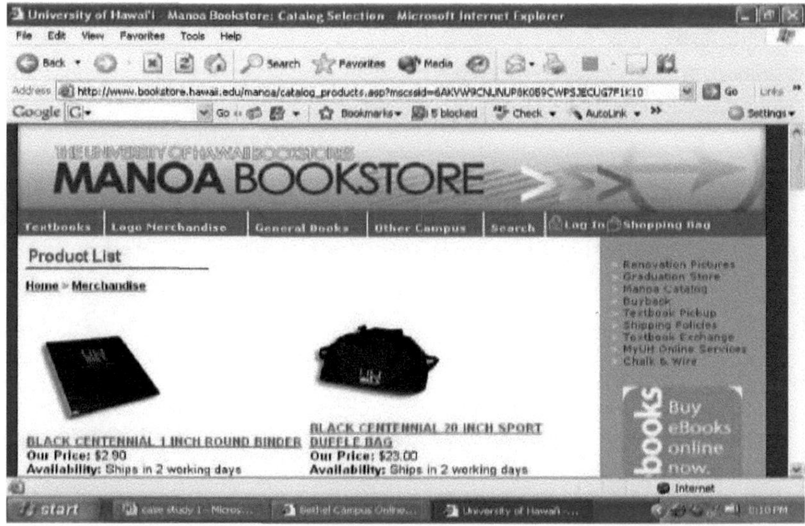

Figura 2.2 lista de produtos (Hawai'i Bookstore)

o **Futuros-chave**

Controlo da informação

O perfil do cliente está acessível neste sítio Web e os clientes podem actualizá-lo a qualquer momento. O sítio Web do Hawai'i's Manoa permite que os clientes alterem os seus números de telefone, endereços físicos e endereços de correio eletrónico armazenados no seu perfil.

Confidencialidade e segurança

As Hawai'i Online Bookstores tomam medidas razoáveis para garantir a proteção das informações dos clientes. Neste sítio Web, utilizam a encriptação Secure Sockets Layer (SSL) padrão da indústria quando recolhem as informações pessoais dos clientes. Este sítio Web está alojado num centro de dados que utiliza vários níveis de firewalls redundantes e encriptação de bases de dados para proteger as informações. Internamente.

■Notificações

Quando a encomenda é efectuada no sítio Web do Hawai'i's Manoa, é enviada uma notificação por correio eletrónico. Quando o estado da encomenda do cliente muda, este pode também receber notificações por correio eletrónico. A empresa enviará a mensagem de correio eletrónico, mas não pode garantir a entrega. Assim, os clientes são responsáveis por fornecer um endereço de correio eletrónico válido e por actualizá-lo quando o endereço muda.

Encomendas seguras em linha

Quando os clientes fazem uma encomenda utilizando formulários de encomenda seguros, todos os dados que fornecem são encriptados por um servidor seguro. Podem utilizar o processo de encriptação **SSL** (Secure Socket Layer) desenvolvido pela Netscape, que é a norma da indústria para processar uma transação segura através da Internet. A maioria dos navegadores Web modernos suporta SSL, incluindo o Netscape Navigator, o Internet Explorer da Microsoft, etc.

o **Fraqueza**

Má taxonomia (a taxonomia é uma hierarquia de categorias utilizada para simplificar a navegação e a pesquisa)

2.2.3 Roanoke College

http://www.roanoke.edu/bookstore/index.htm

A Loja do Campus do Roanoke College funciona com o objetivo de fornecer uma fonte conveniente e eficiente de livros escolares, livros gerais, materiais e mercadorias gerais relacionadas com a vida no campus para os alunos, professores, funcionários, antigos alunos, visitantes e amigos do Roanoke College. A Campus Store reflecte o padrão de excelência estabelecido pelo Colégio. Através do seu empenho em prestar um serviço de alta qualidade, o pessoal serve todos os clientes com simpatia e eficiência num ambiente de retalho acolhedor. A Loja do Campus funciona sob a direção do Vice-presidente de Assuntos Empresariais. Funciona com base em princípios comerciais sólidos e é sensível às necessidades da comunidade universitária. A Loja do Campus está empenhada em negociar de forma honesta e aberta com clientes, professores e fornecedores.

O portal tem muitas funcionalidades que são úteis, mas simples de navegar e utilizar, como a pesquisa de pessoas, as compras em linha, o início de sessão e a visualização do carrinho de compras, para citar algumas. Uma das funcionalidades realmente úteis é a pesquisa de pessoas, que permite ao utilizador procurar um estudante, um funcionário do corpo docente ou mesmo um reformado. O portal era muito simples de utilizar, pois o botão de navegação era fácil de encontrar e a pesquisa de artigos para comprar era muito eficaz.

Em suma, o portal é muito agradável de utilizar, pois o design é simples e tem todos os elementos básicos de um sítio Web de comércio eletrónico bem sucedido.

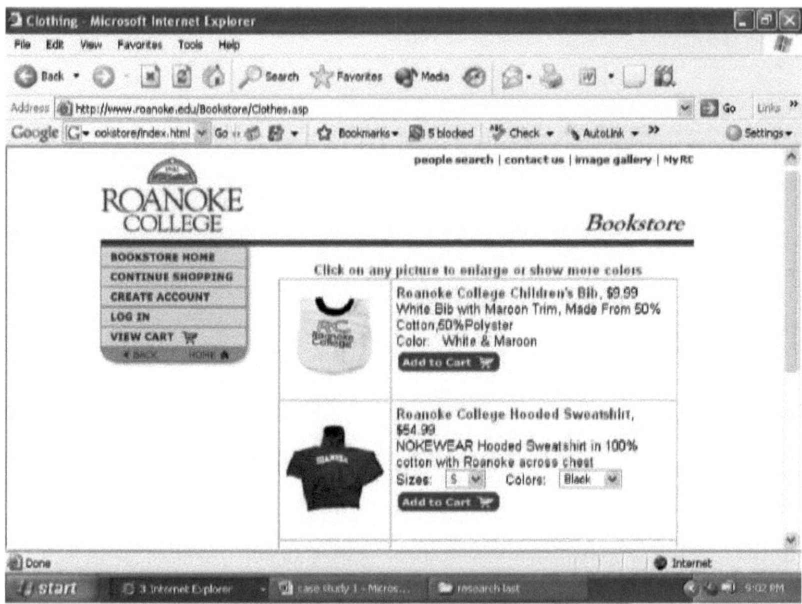

Figura 2.3 : Livraria em linha de Roanoke

- **Recurso da livraria Roanoke:**

Registar conta:

O utilizador é obrigado a criar uma conta quando pretende encomendar um artigo. O utilizador tem de preencher um formulário com dados pessoais, como o endereço de correio eletrónico e o número de telefone.

Carrinho de compras:

O aluno pode adicionar qualquer artigo ao seu cesto de compras e só terá de iniciar sessão ou registar-se quando for fazer o checkout. A partir daí, o utilizador pode ver os artigos seleccionados, alterar a quantidade de cada artigo e eliminar artigos, bem como esvaziar o cesto de compras. Além disso, o aluno pode fazer um donativo à Roanoke collage no seu cesto de compras, utilizando a lista pendente e seleccionando o dinheiro que pretende doar à collage.

Efetuar o pagamento por cartão:

O utilizador deve efetuar o pagamento com cartão de crédito (VISA, MasterCard). O utilizador deve registar-se antes de preencher o formulário de checkout e o formulário do cartão de crédito. A encomenda só será processada depois de os dados do cartão de crédito serem verificados. A carta de confirmação será enviada por correio eletrónico pelo sítio Web após a verificação dos dados do cartão de crédito.

- o **Pontos fracos**

    Não permite a pesquisa de itens

    Segurança fraca

    Utilizar apenas um tipo de pagamento

2.2.4 Universidade Estadual de Utah http://www.bookstore.usu.edu

A Livraria do Campus foi criada em 1909 por dois estudantes de engenharia que tentavam oferecer aos seus colegas materiais a preços mais razoáveis do que os que se podiam encontrar no centro de Kingston. Atualmente, a livraria ainda pertence e é gerida por estudantes sob os auspícios da Queen's University Engineering Society Services Incorporated (QUESSI).

O sítio Web da livraria em linha foi lançado em setembro de 1996. O sítio foi concebido para funcionar exclusivamente num ambiente HPe3000, a fim de tirar partido da estabilidade do sistema operativo MPE/ix e da integridade da sua base de dados de imagens/SQL. Na altura, o sítio utilizava o software de servidor Open Market num HPe3000 928. Em agosto de 1999, foram introduzidos servidores HPe 60 NT para acomodar as características de conceção intra/extranet do sítio. A configuração atual inclui o HPe3000 original e continua a basear-se na base de dados Image/SQL. O Microsoft Internet Information Server (IIS) e o Cold Fusion foram seleccionados para substituir o software de servidor Open Market na nova configuração.

O sítio foi desenvolvido pelo seguinte:

Loja de Livros da USU Técnicos Web: Usando Photoshop, Dream weaver Ultra Dev, Flash MX, Fireworks e vi.

Nebraska Book Company: Conceção de bases de dados, programação de bases de dados

O Campus Hub: Para alojar o sítio

Digital Slant: Conceção e programação do sítio

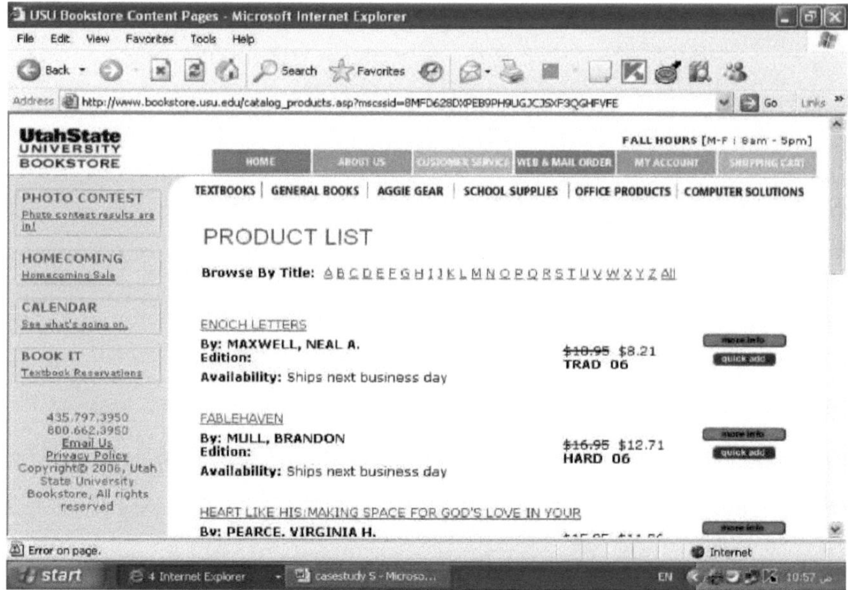

Figura 2.4: Página principal da USU para a livraria em linha.

o **Características principais**

Carrinho de transporte

O carrinho de compras funciona como um cesto de compras, o utilizador coloca nele os artigos

desejados antes de passar à fase de encomenda. A partir daí, o utilizador pode selecionar os artigos,

alterar a quantidade de cada artigo e eliminá-lo. De qualquer forma, o sistema só pode guardar a

informação dos artigos para uma sessão de início de sessão, o sistema não guardará a informação

dos artigos seleccionados depois de o utilizador sair do sistema

▪FAQ

A livraria em linha Usu disponibiliza uma página de FAQ que responde às perguntas mais

frequentes dos clientes. O objetivo desta função é fornecer mais informações pormenorizadas

Sistema de pagamento

O utilizador deve efetuar o pagamento online com cartão de crédito. A encomenda só será processada após a verificação dos dados do cartão de crédito. A livraria aceita os cartões de crédito Visa, MasterCard e Discover

▪ Perfil

Permitir ao utilizador registado ver, atualizar o seu perfil e alterar a palavra-passe

Encomendas seguras em linha

Quando o cliente faz uma encomenda através de um dos formulários de encomenda seguros, todos os dados que fornece são encriptados através de um servidor seguro. A encriptação significa que as informações que os clientes enviam são codificadas de forma a que só o servidor as possa ler. Utilizam SSL (Secure Socket Layer) e obtiveram uma CA (autoridade de certificação) da VeriSign (uma das maiores CA do mundo).

- **Fraqueza**

  Não fornece um motor de pesquisa avançado

  O tempo de resposta deste sítio é bastante lento

- Mais funcionalidades

  Proporcionar a recompra

  Utilizar o "carrinho de estudante" do cartão USU para comprar artigos da livraria

  Catálogo completo de todas as opções de produtos, como tamanho, estilo e cor

  Encomendas incompletas removidas automaticamente

  Guardar as informações do cliente depois de introduzidas

  Tem de selecionar o tamanho e a cor antes de adicionar ao carrinho de compras

2.2.5 Universidade de Rowan

http://rowan.collegestoreonline.com/

A Rowan University evoluiu do seu humilde início em 1923 como uma escola normal, com a missão de formar professores para as salas de aula de South Jersey, para uma universidade abrangente com uma forte reputação regional

A Rowan University está dividida em uma Escola de Pós-Graduação e seis faculdades acadêmicas: Administração, Comunicação, Educação, Engenharia, Belas Artes e Artes Cênicas, e Artes Liberais e Ciências. Os quase 10.000 alunos da Rowan podem escolher entre 36 cursos de graduação, sete programas de certificação de professores, 26 programas de mestrado e um programa de doutorado em liderança educacional. O campus arborizado contém 42 prédios, incluindo oito residências universitárias, três complexos de apartamentos, um Centro de Recreação Estudantil e 23 laboratórios de informática.

Portal da Rowan University concebido por " Sequoia Retail Systems ". A Sequoia Retail Systems é o principal fornecedor de sistemas de gestão de inventário, ponto de venda e comércio eletrónico para livrarias universitárias.

- o **Características principais**

Cartão de compras

O cartão de compras funciona como um cesto de compras, o utilizador coloca nele o artigo desejado antes de efetuar a compra. A partir daí, o utilizador pode selecionar artigos, alterar a quantidade de cada artigo e apagar artigos. De qualquer modo, o sistema só pode guardar a informação dos artigos durante uma sessão de início de sessão, o sistema não guardará a informação dos artigos seleccionados depois de o utilizador terminar a sessão.

Pesquisa rápida:

É uma das formas de encontrar os itens desejados introduzindo a palavra-chave. Será apresentada uma lista de resultados correspondentes com o preço. As características de ordenação por nome de item serão fornecidas.

Variedade de sistemas de pagamento

O utilizador pode optar por pagar através de cartão de crédito, e-mail ou em dinheiro. Se o utilizador pagar através de cartão de crédito, o sistema demorará um a dois dias úteis.

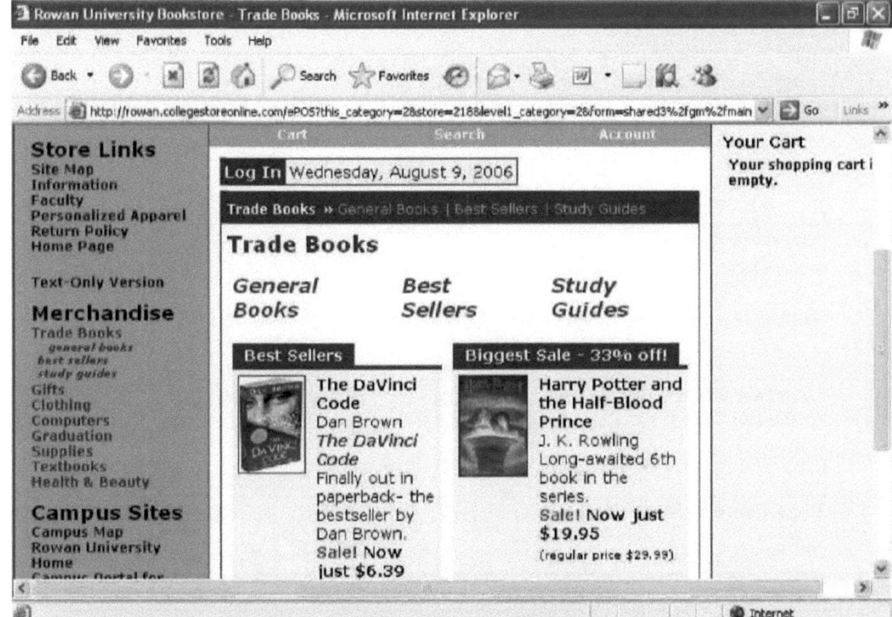

Figura 2.5: Loja online do campus Rowan

o **Mais funcionalidades**

Permitir ao utilizador personalizar a apresentação das informações

- pesquisa completa (por preço, por categorias, por nome)

- fornecer uma versão apenas de texto

Área de perguntas frequentes

O histórico de encomendas mostra o estado em tempo real das encomendas actuais e passadas

São enviadas mensagens de correio eletrónico automáticas ao cliente, notificando-o do estado da sua encomenda

- ## Os pontos fracos

dificuldades de utilização

2.2.6 Comparação de características

Cada um dos sistemas tem os seus próprios pontos fortes e fracos, como se pode ver no quadro

seguinte, e nota-se que a maior parte das compras em linha importantes não são fornecidas pela

maioria dos pacotes de software.

Quadro 2.1: comparações de características

NÃO	Característica do sistema	Universidade de Bethel	Universidade do Havai	Faculdade de Roanoke	Universidade do Estado de Utah	Universidade de Rowan
1	Elemento de segurança	Sim	Sim	Sim	Sim	Sim
2	Motor de busca	Sim	Sim	Não	Não	Sim
3	Interface de utilizador amigável	Sim	Sim	Não	NÃO	Sim
4	Pagamento online	Sim	Sim	Sim	Sim	Sim
5	Cartão de compras	Sim	Sim	Sim	Sim	Sim
6	Registo	Não	Sim	Sim	Sim	Sim
7	Ajuda e FAQ	NÃO	Não	Não	Sim	Sim
8	Estado da encomenda	Sim	Sim	Sim	Sim	Sim

2.3 Análises das tecnologias mais recentes

2.3.1 Arquitetura cliente-servidor

Cliente-servidor é uma arquitetura de rede que separa o cliente (frequentemente uma interface gráfica

de utilizador) do servidor. Cada instância do software cliente pode enviar pedidos para um servidor

ou servidor de aplicações. Existem muitos tipos diferentes de servidores; alguns exemplos incluem:

um servidor de ficheiros, um servidor de terminais ou um servidor de correio eletrónico. Embora a sua finalidade varie um pouco, a arquitetura básica permanece a mesma.

A arquitetura cliente-servidor destina-se a proporcionar uma arquitetura escalável, em que cada computador ou processo na rede é um cliente ou um servidor

Propriedades de um servidor:

Passivo (escravo)

À espera de pedidos

Em caso de pedidos, serve-os e envia uma resposta

Propriedades de um cliente:

Ativo (Mestre)

Envio de pedidos

Espera até receber a resposta

2.3.2 Arquitetura em camadas

Uma arquitetura genérica Cliente/Servidor tem dois tipos de nós na rede: clientes e servidores. Por conseguinte, estas arquitecturas genéricas são por vezes designadas por arquitecturas de "dois níveis".

Algumas redes são constituídas por três tipos diferentes de nós: clientes, servidores de aplicações que processam os dados para os clientes e servidores de bases de dados que armazenam os dados para os servidores de aplicações. Esta é a chamada arquitetura de três níveis.

A vantagem de uma arquitetura de n camadas em comparação com uma arquitetura de duas camadas (ou de três camadas com duas camadas) é que separa o processamento que ocorre para equilibrar melhor a carga nos diferentes servidores; é mais escalável. As desvantagens das arquitecturas n-tier são

Coloca uma carga maior na rede.

É muito mais difícil programar e testar software do que numa arquitetura de dois níveis, porque

há mais dispositivos que têm de comunicar para completar a transação de um utilizador.

Também é uma boa arquitetura

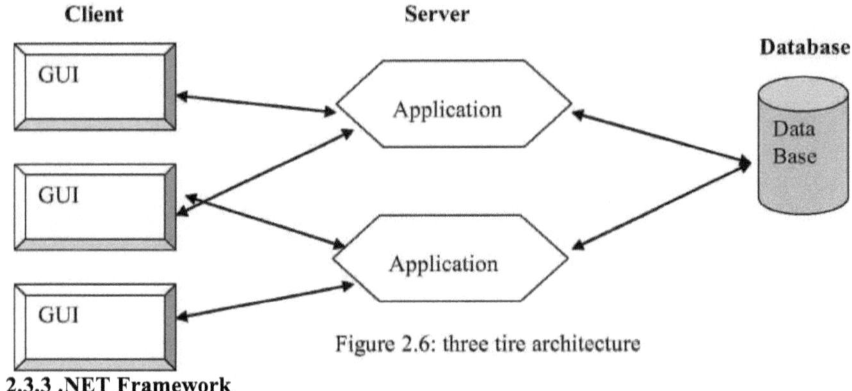

Figure 2.6: three tire architecture

2.3.3 .NET Framework

O Microsoft .NET Framework é um componente do sistema operativo Microsoft Windows. Fornece um grande conjunto de soluções pré-codificadas para requisitos de programas comuns e gere a execução de programas escritos especificamente para o quadro. O .NET Framework é uma oferta fundamental da Microsoft e destina-se a ser utilizado pela maioria das novas aplicações criadas para a plataforma Windows.

As soluções pré-codificadas formam a biblioteca de classes da estrutura e cobrem uma vasta gama de necessidades de programação em áreas que incluem a interface do utilizador, o acesso aos dados, a criptografia, os algoritmos numéricos e as comunicações em rede. As funções da biblioteca de classes são utilizadas pelos programadores que as combinam com o seu próprio código para produzir aplicações.

Os programas escritos para o .NET Framework são executados num ambiente de software que gere os requisitos de tempo de execução do programa. Esse ambiente de tempo de execução, que também faz parte do .NET Framework, é conhecido como Common Language Runtime (CLR). O CLR fornece a aparência de uma máquina virtual de aplicações, para que os programadores não precisem de considerar as capacidades da CPU específica que irá executar o programa. O CLR também fornece outros serviços importantes, como garantias de segurança, gestão de memória e tratamento de excepções.

A biblioteca de classes e o CLR, em conjunto, constituem o .NET Framework. A estrutura destina-se a facilitar o desenvolvimento de aplicações informáticas e a reduzir a vulnerabilidade das aplicações e dos computadores a ameaças à segurança. Lançada pela primeira vez em 2002, está incluída no Windows Server 2003 e no Windows Vista, e pode ser instalada na maioria das versões mais antigas. A versão atual é a 2.0, que foi lançada em novembro de 2005 em conjunto com o Visual Studio 2005.

2.3 Servidor de base de dados

Um servidor de bases de dados é um programa de computador que fornece serviços de bases de dados a outros programas de computador ou computadores, tal como definido pelo modelo cliente-servidor. O termo pode também referir-se a um computador dedicado a executar esse programa. Os sistemas de gestão de bases de dados fornecem frequentemente a funcionalidade de servidor de bases de dados, e alguns SGBD (por exemplo, MySQL) baseiam-se exclusivamente no modelo cliente-servidor para o acesso à base de dados.

2.3.1 Microsoft SQL Server

O Microsoft SQL Server é um sistema de gestão de bases de dados relacionais (RDBMS) produzido pela Microsoft. A sua principal linguagem de consulta é o Transact-SQL, uma implementação da norma ANSI/ISO Structured Query Language (SQL) utilizada pela Microsoft e pela Sybase. O SQL Server é normalmente utilizado pelas empresas para bases de dados de pequena e média dimensão, mas nos últimos cinco anos assistiu-se a uma maior adoção do produto para bases de dados empresariais de maior dimensão.

2.3.2 SQL Server 2005

Alargando os pontos fortes do SQL Server 2000, o SQL Server 2005 fornece uma solução integrada de gestão e análise de dados que pode ajudar a sua equipa a fazer o seguinte:

Criar, implementar e gerir aplicações empresariais que sejam mais seguras, escaláveis e fiáveis

Maximizar a produtividade das TI, reduzindo a complexidade do desenvolvimento e suporte de aplicações de bases de dados

Partilhar dados entre múltiplas plataformas, aplicações e dispositivos para facilitar a ligação entre sistemas internos e externos.

2.4. Linguagens de programação

Foram revistas as seguintes línguas

2.4.3 Visual Basic .NET

O Visual Basic .NET (VB.NET) é uma linguagem informática orientada para objectos que pode ser vista como uma evolução do Visual Basic (VB) da Microsoft, implementada na estrutura Microsoft .NET. A sua introdução foi controversa, uma vez que foram introduzidas alterações significativas que quebraram a compatibilidade com versões anteriores do VB e causaram uma clivagem na comunidade de programadores.

A grande maioria dos desenvolvedores de VB.NET usa o Visual Studio .NET como seu ambiente de desenvolvimento integrado (IDE). O Sharp Develop fornece um IDE alternativo de código aberto.

Como todas as linguagens .NET, os programas escritos em VB.NET requerem o .NET framework para serem executados
O Visual Basic .NET 2003 foi lançado com a versão 1.1 do .NET Framework. As novas funcionalidades incluíam suporte para o .NET Compact Framework e um melhor assistente de atualização do VB. Foram também introduzidas melhorias no desempenho e na fiabilidade do IDE .NET (em particular do compilador de fundo) e do tempo de execução

O Visual Basic 2005 é a próxima iteração do Visual Basic .NET, uma vez que a Microsoft decidiu abandonar a parte .NET do título.

Para esta versão, a Microsoft adicionou muitas funcionalidades numa tentativa de reintroduzir alguma da facilidade de utilização pela qual o Visual Basic é famoso - ou infame, no que diz respeito aos programadores "novatos" - incluindo:

Editar e continuar - provavelmente a maior "funcionalidade em falta" do Visual Basic, permitindo a modificação do código e o reinício imediato da execução

Avaliação da expressão em tempo de projeto

O pseudo-namespace *My* (visão geral, detalhes), que fornece:

Acesso fácil a determinadas áreas do .NET Framework que, de outra forma, exigiriam um código significativo para serem acedidas

■ Classes geradas dinamicamente (nomeadamente *My.Forms*)

Melhorias no conversor de VB para VB.NET

A palavra-chave *Using*, que simplifica a utilização de objectos que requerem a palavra-chave

Padrão Dispose para libertar recursos

Just My Code, que oculta o código de base escrito pelo Visual Studio

IDE .NET

Ligação à fonte de dados, facilitando o desenvolvimento cliente/servidor da base de dados

2.5 Linguagem de script

As linguagens de script (normalmente designadas por linguagens de programação de script ou linguagens de script) são linguagens de programação de computadores criadas para encurtar o processo tradicional de edição-compilação-ligação-execução. O nome deriva de um guião escrito, como um argumento, em que o diálogo é repetido literalmente em cada atuação. As primeiras linguagens de script eram frequentemente designadas por linguagens *batch* ou *linguagens de controlo de tarefas*. Um guião é normalmente interpretado em vez de compilado.

2.5.3 JavaScript

JavaScript é o nome da implementação da ECMAScript pela Netscape Communications Corporation, uma linguagem de programação de scripts baseada no conceito de protótipos. A linguagem é mais conhecida pela sua utilização em sítios Web, mas também é utilizada para permitir o acesso de scripts a objectos incorporados noutras aplicações.

Apesar do nome, o JavaScript está apenas distantemente relacionado com a linguagem de programação Java, sendo a principal semelhança a sua dívida comum para com a sintaxe da linguagem de programação C. Semanticamente, o JavaScript tem muito mais em comum com a linguagem de programação Self e o ActionScript, que também é um ECMAScript.

JavaScript é uma marca registada da Sun Microsystems, Inc., utilizada sob licença para a tecnologia inventada e implementada pela Netscape JavaScript foi originalmente desenvolvida por Brendan Eich da Netscape Communications Corporation com o nome *Mocha*, depois *LiveScript* e finalmente renomeada para JavaScript. A mudança de nome de LiveScript para JavaScript coincidiu aproximadamente com o facto de a Netscape ter adicionado suporte para a tecnologia Java no seu navegador Web Netscape Navigator

2.5.4 ASP

Active Server Pages (ASP) é a tecnologia do lado do servidor da Microsoft para páginas Web geradas dinamicamente que é comercializada como um complemento aos Serviços de Informação Internet (IIS).

A programação de sítios Web ASP é facilitada por vários objectos incorporados. Cada objeto corresponde a um grupo de funcionalidades frequentemente utilizadas e úteis para a criação de páginas Web dinâmicas. No ASP 2.0 existem seis desses objectos incorporados: Application,

ASPError, Request, Response, Server e Session. Session, por exemplo, é um objeto de sessão baseado em cookies que mantém variáveis de página para página. O Application Center Test também está disponível para testes de carga.

2.5.5 ASP.NET

ASP.NET é um conjunto de tecnologias de desenvolvimento Web comercializado pela Microsoft. Os programadores podem utilizá-lo para criar sítios Web dinâmicos, aplicações Web e serviços Web XML. Faz parte da plataforma .NET da Microsoft e é o sucessor da tecnologia Active Server Pages (ASP) da Microsoft.

Embora o ASP.NET tenha o seu nome derivado da antiga tecnologia de desenvolvimento Web da Microsoft, ASP, as duas diferem significativamente. A Microsoft reconstruiu completamente o ASP.NET, com base no Common Language Runtime (CLR) partilhado por todas as aplicações Microsoft .NET. Os programadores podem escrever código ASP.NET utilizando qualquer uma das diferentes linguagens de programação suportadas pelo .NET Framework, normalmente C#, Visual Basic.NET ou JScript .NET, mas também incluindo linguagens de código aberto, como Perl e Python. O ASP.NET tem vantagens de desempenho em relação a outras tecnologias baseadas em scripts, porque o código do lado do servidor é compilado num ou em alguns ficheiros DLL num servidor Web.

O ASP.NET tenta simplificar a transição dos programadores do desenvolvimento de aplicações Windows para o desenvolvimento Web, oferecendo a possibilidade de criar páginas compostas por *controlos* semelhantes a uma interface de utilizador do Windows. Um controlo Web, como um *botão* ou *etiqueta*, funciona de forma muito semelhante à sua contraparte Windows: o código pode atribuir as suas propriedades e responder aos seus eventos. Os controlos sabem como renderizar-se: enquanto os controlos Windows se desenham no ecrã, os controlos Web produzem segmentos de HTML e JavaScript que fazem parte da página resultante enviada para o browser do utilizador final.

O ASP.NET incentiva o programador a desenvolver aplicações utilizando um paradigma de GUI orientado por eventos, em vez de ambientes convencionais de script da Web, como ASP e PHP. A estrutura tenta combinar tecnologias existentes, como o JavaScript, com componentes internos, como o "estado da vista", para introduzir um estado persistente (entre pedidos) no ambiente Web inerentemente sem estado.

O ASP.NET utiliza o .NET Framework como infraestrutura. O .NET Framework oferece um ambiente de tempo de execução gerido (como Java), fornecendo uma máquina virtual com JIT e uma biblioteca de classes.

Os numerosos controlos, classes e ferramentas .NET podem reduzir o tempo de desenvolvimento, fornecendo um conjunto rico de funcionalidades para tarefas de programação comuns. O acesso aos dados constitui um exemplo e está estreitamente associado ao ASP.NET. Um programador pode criar uma página para apresentar uma lista de registos numa base de dados, por exemplo, de forma muito mais rápida utilizando ASP.NET do que com tecnologias Web tradicionais, como ASP ou PHP.

- o **Vantagens do ASP.NET em relação ao ASP**
  - O código compilado significa que as aplicações são executadas mais rapidamente, com mais erros de tempo de conceção retidos na fase de desenvolvimento.
  - Melhoria significativa do tratamento de erros em tempo de execução, utilizando excepções e blocos try-catch.
  - Os controlos definidos pelo utilizador permitem modelos de utilização comum, tais como menus.
  - Metáforas semelhantes às das aplicações Windows, como os controlos e os eventos, que tornam possível o desenvolvimento de interfaces de utilizador ricas, que anteriormente só existiam no ambiente de trabalho.
  - Um vasto conjunto de controlos e bibliotecas de classes permite a criação rápida de aplicações.
  - O ASP.NET tira partido das capacidades multi-linguagem do .NET CLR, permitindo que as páginas Web sejam codificadas em VB.NET, C#, J#, etc.

Capacidade de armazenar em cache a página inteira ou apenas partes dela para melhorar o desempenho.

Capacidade de utilizar o modelo de desenvolvimento "code-behind" para separar a lógica comercial da apresentação.

Se uma aplicação ASP.NET tiver fugas de memória, o tempo de execução do ASP.NET descarrega o AppDomain que aloja a aplicação com erro e volta a carregar a aplicação num novo AppDomain.

O estado da sessão no ASP.NET pode ser guardado numa base de dados do SQL Server ou num processo separado executado no mesmo computador que o servidor Web ou num computador diferente. Dessa forma, os valores da sessão não são perdidos quando o servidor Web é redefinido ou o processo de trabalho do ASP.NET é reciclado

2.6 Revisão do servidor Web

O termo **servidor Web** pode significar uma de duas coisas:

Um computador que é responsável por aceitar pedidos HTTP de clientes, conhecidos como navegadores Web, e servir-lhes páginas Web, que são normalmente documentos HTML e objectos ligados (imagens, etc.).

Um programa de computador que fornece a funcionalidade descrita na primeira aceção do termo.

Os servidores Web (programas) utilizam frequentemente técnicas de programação simultânea, por vezes até em combinação com máquinas de estados finitos e E/S sem bloqueio, para aumentar a capacidade de resposta e a escalabilidade do servidor ao fornecer páginas a vários clientes em simultâneo

2.6.3 IIS

O Microsoft Internet Information Services (IIS; por vezes, erroneamente designado por Server ou System) é um conjunto de serviços baseados na Internet para servidores que utilizam o Microsoft

Windows. É o segundo servidor Web mais popular do mundo em termos de número total de sítios Web, atrás do servidor HTTP Apache, embora a diferença esteja a diminuir de acordo com a Netcraft.

2.6.4 IIS 6.0

As versões anteriores do IIS foram atingidas por uma série de vulnerabilidades, sendo a principal delas a CA- 2001-19, que levou ao infame "worm Code Red"; no entanto, a versão 6.0 tem apenas três problemas relatados que a afectam, dois "moderadamente críticos" e o outro "não crítico". No IIS 6.0, a Microsoft optou por alterar o comportamento dos manipuladores ISAPI pré-instalados, muitos dos quais foram responsáveis pelas vulnerabilidades nas versões 4.0 e 5.0, reduzindo assim a superfície de ataque do IIS. Com a sua próxima versão, atualmente em fase beta e parte do "servidor Longhorn", a Microsoft vai mais longe, modularizando muitos dos componentes, criando uma pilha a partir da qual se pode escolher.

Nas versões do IIS anteriores à 6.0, todas as funcionalidades eram executadas na conta System, o que permitia que os exploits corressem livremente no sistema. Na versão 6.0, todos os processos de tratamento de pedidos foram colocados sob uma conta de Serviços de Rede, que tem muito menos privilégios. Em particular, isto significa que, se houver uma exploração numa funcionalidade ou código personalizado, esta não comprometeria necessariamente todo o sistema, dado o ambiente de "caixa de areia" em que os processos de trabalho são executados. O IIS 6.0 também continha uma nova pilha HTTP do kernel (http.sys) com um analisador de pedidos HTTP mais rigoroso e uma cache de resposta para conteúdos estáticos e dinâmicos.

2.7 Revisão do sistema operativo

Um sistema operativo (SO) é um programa de software que gere os recursos de hardware e software de um computador. O SO executa tarefas básicas, como controlar e atribuir memória, dar prioridade ao processamento de instruções, controlar dispositivos de entrada e saída, facilitar a ligação em rede e gerir ficheiros

2.7.4 Microsoft Windows XP Professional

O Microsoft Windows XP Professional x64 Edition, lançado em 25 de abril de 2005 pela Microsoft, é uma variação do típico sistema operativo Windows XP de 32 bits para computadores pessoais x86. O Windows XP Professional x64 Edition baseia-se no Windows Server 2003 SP1 (compilação 5.2.3790.1830), uma vez que era a versão mais recente do Microsoft Windows durante o desenvolvimento do sistema operativo, mas utiliza o nome Windows XP. Foi concebido para utilizar o espaço de endereço de memória expandido de 64 bits fornecido pela arquitetura AMD64; a Intel refere-se à sua implementação da tecnologia como EM64T.

A principal vantagem da mudança para 64 bits é o aumento da memória máxima alocável do sistema (RAM). O Windows XP de 32 bits está limitado a um total de 4 GB, que é dividido igualmente entre o Kernel e a utilização da aplicação. O Windows XP x64 pode suportar muito mais memória; embora o limite teórico de memória que um computador de 64 bits pode endereçar seja de cerca de 18 mil milhões de GB (18 exabytes), o Windows XP x64 está atualmente limitado a 128 GB (2^{37} bytes) de memória física e 16 TB (2^{44} bytes) de memória virtual. A Microsoft afirma que este limite será aumentado à medida que as capacidades do hardware forem melhorando. Na prática, a maioria das placas-mãe compatíveis com processadores de 64 bits não suportam quase o máximo, e muitas vezes mantêm o limite de 4 GB.

A "x64 Edition" não deve ser confundida com a "64-bit Edition", uma vez que esta última foi concebida para processadores IA-64 (Intel Itanium). Ambas são normalmente referidas como "Windows de 64 bits" pela Microsoft devido às suas semelhanças do ponto de vista dos programadores.

2.8 Revisão das ferramentas de criação de conteúdos
2.8.1 Microsoft Visual Studio .NET 2005

O Microsoft Visual Studio é um ambiente de desenvolvimento integrado avançado da Microsoft. Permite aos programadores criar programas, sítios Web, aplicações Web e serviços Web que funcionam no Microsoft Windows, PocketPC, Smartphones e na World Wide Web.

Visual Studio 2005, foi lançado online em outubro de 2005 e chegou às lojas algumas semanas mais tarde. A Microsoft removeu o moniker ".NET" do Visual Studio 2005 (bem como de todos os outros produtos com .NET no nome), mas continua a ter como alvo principal o .NET Framework, que foi atualizado para a versão 2.0.

O recurso mais importante da linguagem C# adicionado nesta versão foi a introdução de genéricos, que são muito semelhantes aos modelos do C++. Isto aumenta potencialmente o número de erros detectados em tempo de compilação em vez de em tempo de execução. O C++ também recebeu uma atualização semelhante com a adição do C++/CLI, que deverá substituir o Managed C++.

Outras novas funcionalidades do Visual Studio 2005 incluem o "Deployment Designer", que permite validar o design das aplicações antes das implementações, um ambiente melhorado para publicação na Web quando combinado com o ASP.NET 2.0 e testes de carga para ver o desempenho das aplicações sob vários tipos de cargas de utilizadores.

O Visual Studio 2005 também adicionou suporte extensivo a 64 bits. O Visual C++ 2005 suporta a compilação para x64 (AMD64 e EM64T), bem como IA-64 (Itanium). As versões anteriores do Visual Studio não vinham com suporte a 64 bits. O SDK da plataforma incluía apenas os compiladores de 64 bits e as versões de 64 bits das bibliotecas do Visual C++ 6.0. As versões de 64 bits das bibliotecas do Visual C++ .NET 2003 estavam disponíveis apenas por correio eletrónico para a Microsoft.

2.8.3 Visual Web Developer 2005 (VWD 2005 express)

O Visual Web Developer 2005 Express Edition é uma ferramenta de desenvolvimento Web e um IDE, que pode ser descarregado gratuitamente, criado pela Microsoft. Faz parte da família Microsoft Visual Studio Express. Como todos os softwares que fazem parte da família Express, o Visual Web Developer 2005 Express Edition não inclui todos os recursos disponíveis na versão do software do Microsoft Visual Studio.

O software foi lançado a 7 de novembro de 2005 e era suposto ser gratuito apenas durante um ano, no entanto a Microsoft anunciou a 19 de abril de 2006 que continuará a ser gratuito

o **Características**

Conceber visualmente os seus sítios

Suporte para HTML, CSS e JavaScript

- Suporte para XML, RSS e serviços Web

- Designers de dados visuais

- Depuração simplificada

- Totalmente personalizável

- Fácil de aprender

- Fácil de configurar e implementar

- Construir sobre uma base sólida

2.9 Plataforma, servidor Web, base de dados e ferramentas escolhidos

Tabela 2.2: Plataforma selecionada

Software	Description
Three-tier Client server	System Architecture
Microsoft Windows XP professional	Client Side Operating System
Microsoft Window 2003 server	Sever Side Operating System
Microsoft ASP.NET	Programming language
Microsoft IIS v6	Web Server
Microsoft SQL 2005 Express Edition	Database server
Microsoft ADO.NET 2.0	Data access Technology
Microsoft Visual Web Developer 2005 express Edition	System Authoring Tool

2.10 Segurança do comércio eletrónico

Existem cinco tecnologias que funcionam em conjunto para criar um ambiente seguro para as compras em linha:

Servidor seguro: Um servidor que aloja um sítio Web que realiza sessões seguras

Autenticação digital: Um servidor que confirma que uma sessão de servidor segura é segura

Encriptação: Uma forma de transferir informação de modo a que nenhum intruso a possa ler

Software comercial: software que é utilizado para criar um serviço de compras em linha

Software de pagamento eletrónico: software que é utilizado para facilitar o pagamento de compras num sistema de compras em linha

o **Servidor seguro**:

Um servidor seguro é um computador que utiliza tecnologia segura, o que torna muito difícil para os intrusos obterem acesso a dados confidenciais enviados através da Internet. A aplicação de compras em linha deve utilizar um servidor seguro. Esta salvaguarda garante que o número do cartão de crédito pode ser enviado através da Internet de forma segura. É importante implementar níveis adicionais de segurança para que os piratas informáticos não consigam penetrar nas suas linhas de comunicação e apropriar-se de informações comerciais importantes, como o número do cartão de crédito do cliente. O primeiro passo para criar um ambiente seguro para transacções comerciais é implementar a tecnologia de servidor seguro:

Protocolo SSL (Secure Socket layer)

- HTTP seguro (S-HTTP)

- **Protocolo SSL (Secure Socket layer)**

A Internet funciona com base num protocolo chamado TCP/IP. O protocolo define, para o computador na rede, o que é a informação e como está a ser enviada. O SSL aumenta as capacidades do TCP/IP adicionando uma nova camada sobre o TCPIP chamada camada de registo SSL. Quando um cliente entra num servidor seguro gerido por SSL, o seu navegador faz um pedido ao servidor para uma sessão segura.O servidor seguro abre então uma porta encriptada especial para a sessão de compra em linha. Os dados enviados são encriptados antes de serem enviados através do TCP/IP. A camada de registo SSL gere esta porta para garantir que a sessão com o cliente mantém a sua segurança. Além disso, o SSL fornece uma tecnologia denominada protocolo de aperto de mão SSL. O protocolo de aperto de mão SSL reside no servidor seguro e assegura a autenticação e a encriptação de chaves públicas.

HTTP seguro (S-HHTP)

Esta tecnologia, da Enterprise Integration Technologies , é um concorrente do SSL . Tanto o SSL como o SHTTP criam uma porta segura. Tal como o SSL, o S-HTTP suporta encriptação e autenticação digital. A diferença reside na forma como e onde estas tecnologias concorrentes criam uma porta segura num servidor Web. Cada uma delas cria a porta segura a um nível diferente da sessão de comunicação. O SSL cria segurança utilizando um protocolo da camada de rede, enquanto o S-HTTP cria segurança utilizando um protocolo ao nível da aplicação.Com o S-HTTP, o browser de um cliente pede um documento seguro ao servidor s-HTTP. O browser tem uma chave pública escondida num local secreto e diz ao servidor onde encontrar a sua chave pública. O servidor faz então corresponder o browser à chave e confirma que o browser está autorizado a aceder ao documento seguro. O servidor encripta o documento e envia-o ao navegador, que utiliza a sua chave secreta para desencriptar a mensagem e apresentá-la ao utilizador.

Autenticação digital:

A autenticação digital é um servidor de terceiros que trabalha em conjunto com um servidor seguro e um cliente para garantir a segurança. A autenticação digital acrescenta um nível adicional de segurança a um servidor seguro. Um servidor seguro garante que a transmissão entre o cliente e o servidor é segura. A autenticação digital leva a segurança ao nível seguinte e valida o servidor que recebe a informação como sendo o correto. Desta forma, um ladrão esperto não pode falsificar a rede reencaminhando as transmissões do servidor para o seu sítio, a fim de selar a transação.

Se os seus clientes quiserem certificar-se de que o seu sítio é legítimo, podem escolher "ver" e depois "informações do documento" no seu browser quando estiverem no seu servidor seguro.

▪ Encriptação

A encriptação é o processo de ocultar informação para a tornar ilegível sem conhecimentos especiais. Embora a encriptação tenha sido utilizada para proteger as comunicações durante séculos, apenas as organizações e os indivíduos com uma necessidade extraordinária de sigilo a utilizavam. Em meados da década de 1970, a encriptação forte deixou de ser um assunto exclusivo de agências governamentais secretas e passou para o domínio público, sendo atualmente utilizada na proteção de sistemas amplamente utilizados, como o comércio eletrónico na Internet, as redes de telemóveis e as caixas automáticas dos bancos.

Os métodos de encriptação podem ser divididos em algoritmos de chave simétrica (criptografia de chave privada) e algoritmos de chave assimétrica (criptografia de chave pública). Num algoritmo de chave simétrica (por exemplo, DES e AES), o remetente e o destinatário devem ter uma chave partilhada definida antecipadamente e mantida em segredo de todas as outras partes; o remetente utiliza esta chave para encriptação e o destinatário utiliza a mesma chave para desencriptação. Num algoritmo de chave assimétrica (por exemplo, RSA), existem duas chaves separadas: uma *chave pública* é publicada e permite que qualquer remetente efectue a encriptação, enquanto uma *chave privada* é mantida em segredo pelo destinatário e só ele pode efetuar a desencriptação. A estrutura .NET da Microsoft tem um suporte robusto para encriptação no espaço de nomes ***System.Security.Cryptography***

Existem três conceitos criptográficos essenciais representados no espaço de nomes `Encryption`. É importante que todos os programadores compreendam estes conceitos antes de prosseguirem:

- o Hashing

Os hashes não são encriptação, por si só, mas são fundamentais para todas as outras operações de encriptação. **Um hash é uma impressão digital de dados** - um pequeno conjunto de bytes que representa a singularidade de um bloco muito maior de bytes. Tal como as impressões digitais, não existem duas iguais, e uma impressão digital correspondente é uma prova conclusiva de identidade.

o   Encriptação simétrica

Na encriptação simétrica, **é utilizada uma única chave para encriptar e desencriptar os dados**. Este tipo de encriptação é bastante rápido, mas tem um problema grave: para partilhar um segredo com alguém, essa pessoa tem de conhecer a sua chave. Isto implica um nível de confiança muito elevado entre as pessoas que partilham segredos; se uma pessoa sem escrúpulos tiver a sua chave - ou se a sua chave for interceptada por um espião - pode desencriptar todas as mensagens que enviar utilizando essa chave!

o   Encriptação assimétrica

A encriptação assimétrica resolve o problema de confiança inerente à encriptação simétrica através da utilização de duas chaves diferentes: uma chave pública para encriptar mensagens e uma chave privada para desencriptar mensagens. Isto torna possível comunicar em segredo com pessoas em quem não se confia totalmente. Se uma pessoa sem escrúpulos tiver a sua chave pública, o que é que isso interessa? A chave pública só serve para a encriptação; é inútil para a desencriptação. Eles não podem decifrar nenhuma das suas mensagens! No entanto, a encriptação assimétrica é *muito lenta*. Não é recomendada para utilização em mais do que cerca de 1 kilobyte de dados.

Software para comerciantes

Para escolher o pacote certo, é importante compreender as suas necessidades actuais e futuras

Software de pagamento eletrónico

Se a sua empresa tivesse uma loja, os clientes poderiam entrar na sua empresa e entregar-lhe dinheiro para comprar um produto. Como os clientes em linha não podem entregar-lhe dinheiro ou passar-lhe um cheque, os sítios de compras em linha criam formas de pagamento electrónicas.

Os pagamentos com cartão de crédito funcionam online da mesma forma que num ambiente de retalho.

Para efetuar transacções com cartão de crédito a partir do seu sítio Web, terá de suportar um dos serviços de processamento de pagamentos com cartão de crédito em linha (por exemplo, Cybercast, Pay Pal)

Além disso, é necessário ter uma conta de comerciante na Internet num banco

Capítulo 3

3.1 Metodologia

"A metodologia é definida como (1) "um conjunto de métodos, regras e postulados utilizados por uma disciplina", (2) "um determinado procedimento ou conjunto de procedimentos", ou (3) "a análise dos princípios ou procedimentos de investigação num determinado domínio" (Merriam-Webster). A ideia comum aqui é a recolha, o estudo comparativo e a crítica dos métodos individuais que são utilizados numa dada disciplina ou campo de investigação" (http://www.artima.com/forums/flat.jsp?forum=152&thread=160416)

3.2 Fluxo de desenvolvimento do sistema

Em primeiro lugar, os utilizadores-alvo do sistema têm de ser identificados na fase inicial do projeto. Isto porque estes utilizadores serão capazes de determinar o que é necessário desenvolver. A primeira fase deste desenvolvimento envolve a especificação de requisitos, que é a fase inicial habitual de todos os modelos de processo de software. Estes requisitos são descritos e definidos em pormenor, servindo de especificação do sistema. Uma vez que um dos objectivos desta investigação é construir uma estrutura e, posteriormente, desenvolver um sistema sobre essa estrutura, o passo seguinte é planear a arquitetura da estrutura e, em seguida, a arquitetura do sistema. Depois de algum tempo de investigação, é finalmente desenvolvido um fluxo de desenvolvimento completo. Em seguida, são analisadas algumas conclusões sobre a linguagem de programação, a tecnologia e o servidor de aplicações adequados, que são essenciais para o desenvolvimento do UMEP, e são exploradas as diferentes técnicas de segurança do sistema

Em seguida, através de uma implementação contínua e de testes, o portal de comércio eletrónico é lançado. O resultado é encorajador, satisfazendo e cumprindo alguns objectivos do estudo.

A preparação de alguns documentos é uma tarefa necessária para garantir que os utilizadores se familiarizam e compreendem a forma de utilizar o sistema. São feitas validações em muitos campos para garantir que o utilizador introduz os dados corretamente e que o sistema é capaz de processar os dados de forma correcta. O processo de verificação da exatidão e da correção dos cálculos, da estrutura dos dados, da visualização final, etc., demorou mais de um mês.

Por fim, depois de o sistema estar estabilizado e cumprir todas as funcionalidades obrigatórias, o sistema é transferido para um teste piloto, principalmente para efeitos de ensaio. Este é um passo importante para aumentar a estabilidade, a robustez e a facilidade de utilização do sistema e descobrir novos erros ocultos

3.3 Técnicas utilizadas para definir os requisitos

Durante a fase de metodologia, foram utilizadas várias técnicas para definir os requisitos do sistema. Estas técnicas ajudaram a formular os vários requisitos do sistema, tal como se descreve no capítulo seguinte. Estas técnicas incluem as seguintes

Análise dos sistemas existentes

Revisão das novas tecnologias

∎ Pesquisa na biblioteca

Compra de novos livros sobre temas relevantes

Navegação na Internet

Análise dos sistemas existentes

É vital para o sucesso de um novo projeto aprender com os pontos fortes e fracos dos sistemas existentes. O estudo dos sistemas existentes resultou, de facto, na definição da maior parte dos requisitos do sistema. Ao utilizar e testar estes sistemas, foi possível determinar quais os requisitos que devem ser incluídos no nosso sistema.

Revisão das novas tecnologias

Ao analisar e compreender as novas características e capacidades da nova tecnologia, verificou-se que existem requisitos que podem ser incluídos e que, de outra forma, seriam considerados impossíveis. A maior parte das vezes, isto é feito através da leitura de livros, jornais, revistas e artigos sobre computadores. As fontes podem ser obtidas na Internet e em livrarias.

■ Pesquisa na biblioteca

A Biblioteca da Universidade da Malásia contém muitos livros de valor inestimável para a compreensão de algumas das tecnologias utilizadas para desenvolver este projeto.

No entanto, os livros existentes na biblioteca sobre novas tecnologias estão muitas vezes desactualizados, uma vez que a biblioteca não costuma adquirir novos livros com a mesma rapidez com que são publicados

Compra de novos livros sobre temas relevantes

A biblioteca não dispõe de muitos títulos importantes que se revelam vitais para o arranque deste projeto. Como acontece com todos os textos informáticos, muitos destes livros ficam desactualizados muito rapidamente. Muitas vezes, comprava-se um livro e descobria-se, através da Internet, que tinha sido publicada uma nova edição. Isto acontecia especialmente com os livros sobre as tecnologias mais recentes, em particular, a .NET Framework. Por isso, era necessário verificar a última edição de um determinado título na Internet, antes de iniciar a compra de um novo livro.

Algumas livrarias, como a MPH, dispõem de cantos de leitura para folhear a sua coleção de livros. Esta é a melhor fonte dos últimos livros disponíveis sobre novas tecnologias. Alguns livros são demasiado caros para serem comprados. Com tantos títulos novos a serem publicados, não está dentro do orçamento comprar todos os livros disponíveis no mercado.

Navegação na Internet

Esta é uma obrigação, uma vez que muita informação sob a forma de análises de tecnologia pode ser encontrada nos sítios Web dos fornecedores do software ou dos livros. Existem muitos tutoriais e kits de teste que podem ser descarregados da Internet. Os livros brancos de vários fornecedores são informações valiosas que muitas vezes podem ser descarregadas gratuitamente. A utilização de motores de busca, como o Yahoo e o Google, tem provado resultar em informações vitais que não podem ser encontradas em livros. Ao utilizar os motores de busca, foi possível encontrar metodologia de investigação sobre temas úteis para o desenvolvimento deste projeto.

Também é possível adquirir as últimas publicações sobre vários temas de investigação através da Internet. Amazon.com e InformIT.com são duas boas fontes de livros.

E-Books, ou seja, livros electrónicos.

Muitas editoras disponibilizaram alguns dos seus livros como livros electrónicos que podem ser descarregados da Internet. Algumas editoras, como a Wrox Press, até disponibilizam gratuitamente alguns dos seus recursos numa base restrita. Muitas delas disponibilizaram alguns capítulos para download gratuito, alguns dos quais foram considerados extremamente úteis para o desenvolvimento deste projeto. A empresa dispõe ainda de uma assinatura paga que permite aceder a uma maior variedade de materiais em formato eletrónico. Os livros electrónicos também estão disponíveis em CD-ROMs que podem ser adquiridos em muitas livrarias e lojas de informática.

3.4 Modelo de processo de software

A metodologia de desenvolvimento de sistemas é um método para criar um sistema com uma série de etapas ou operações ou pode ser definida como um modelo de ciclo de vida do sistema. Cada modelo de processo de desenvolvimento de sistemas inclui os requisitos do sistema, como o utilizador, as necessidades e os recursos, como entrada, e um produto acabado como saída, como mostra a figura 3.1

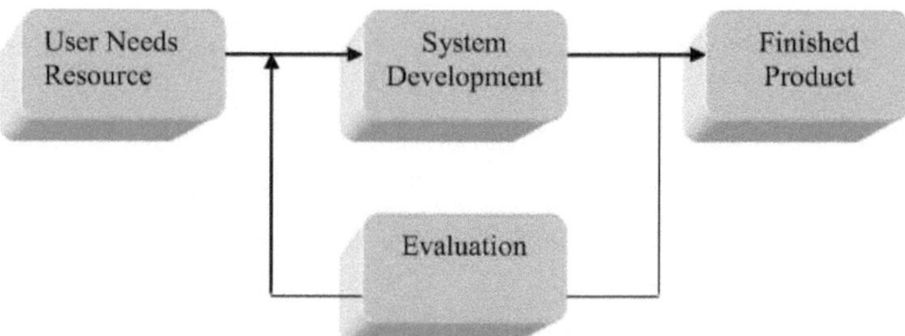

Figura 3.1: Modelo de processo do sistema

Um modelo de processo de software é uma representação abstrata de um processo de software. Cada modelo de processo representa um processo a partir de uma perspetiva particular e, portanto, fornece apenas informações parciais sobre esse processo. O modelo de processo que é utilizado para desenvolver o sistema é o modelo incremental, que utiliza o modelo em cascata de forma iterativa. Centra-se na entrega de um produto operacional em cada incremento. Funciona bem para lidar com a gestão dos riscos técnicos e com o aumento do número de efectivos em função da complexidade do trabalho. A Figura 2.3 mostra o modelo incremental

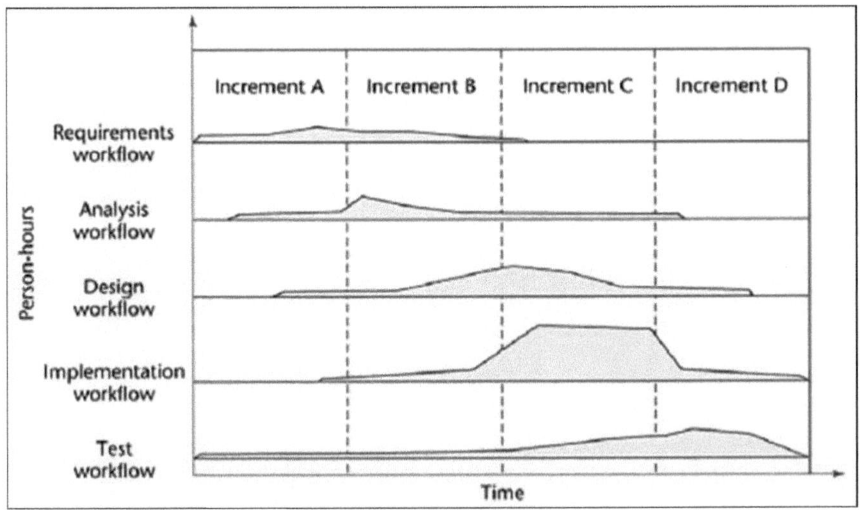

Figura 3.2: Modelo incremental

3.5 Escolha do modelo incremental como metodologia

O modelo de construção incremental é um método de desenvolvimento de software em que o modelo é concebido, implementado e testado de forma incremental até o produto estar concluído. Envolve tanto o desenvolvimento como a manutenção. O produto é definido como acabado quando satisfaz todos os seus requisitos.

Esta abordagem é preferida por muitos profissionais orientados para os objectos. Basicamente, divide o projeto global numa série de incrementos. De seguida, aplica o modelo em cascata a cada incremento. O sistema é colocado em produção quando o primeiro incremento é entregue. À medida que o tempo passa, são concluídos incrementos adicionais e adicionados ao sistema de trabalho. O modelo de desenvolvimento incremental para projectos orientados para objectos inclui as seguintes fases

Fluxo de trabalho dos requisitos

A primeira fase deste desenvolvimento envolve a especificação de requisitos, que é a fase inicial habitual de todos os modelos de processos de software. Os requisitos têm de ser determinados na fase inicial do projeto. Inclui os utilizadores do sistema, os serviços do sistema, as restrições e os objectivos. Estes requisitos são descritos e definidos em pormenor, servindo de especificação do sistema.

Os pormenores completos da especificação dos requisitos são descritos no capítulo 4: *análise do sistema*. Essa análise envolveu os requisitos funcionais e os requisitos não funcionais. Estes conjuntos de requisitos baseiam-se numa utilização e desenvolvimento extensivos do UMEP. Alguns dos requisitos foram recolhidos através do feedback dos utilizadores e de pedidos de utilizadores realizados de forma informal.

O principal objetivo destes requisitos é desenvolver um sistema que permita aos estudantes comprar e vender artigos através do campus de comércio eletrónico em linha. Nesta fase, a informação sobre os requisitos do utilizador deve ser recolhida e documentada. Esta fase pode durar de alguns dias a algumas semanas e é normalmente efectuada no local ou através de comunicação com o cliente. São realizadas discussões para compreender as necessidades do utilizador. Os requisitos do software devem ser documentados. A documentação deve utilizar os termos familiares ao cliente e abranger toda a funcionalidade do produto, tal como previsto pelo cliente. Deve ser feita uma revisão do documento de requisitos do utilizador. Os requisitos do utilizador serão então convertidos em declarações específicas de implementação. A interface do utilizador também deve ser detalhada. Os requisitos do utilizador em matéria de software devem ser compreendidos em profundidade para serem convertidos em especificações do sistema. As especificações dos requisitos de software devem ser documentadas através de diagramas de casos de utilização. A documentação deve utilizar os termos específicos da aplicação para facilitar a compreensão por parte dos projectistas e dos programadores.

Fluxo de trabalho de análise e conceção de sistemas

A fase seguinte consiste em identificar e dar prioridade às necessidades dos utilizadores. Os requisitos do utilizador são priorizados e os requisitos de maior prioridade são incluídos nos primeiros incrementos. Nesta fase, são identificados os casos de utilização e concebidos os diagramas de implantação e de componentes. É elaborado o documento de conceção do sistema.

Uma vez que estamos a desenvolver uma estrutura de aplicação de base web e, subsequentemente, a construir o UMEP com base nessa estrutura, é necessário identificar os componentes que podem ser reutilizados e que precisam de ser desenvolvidos e combiná-los numa única estrutura integrada. Os componentes da estrutura que precisam de ser desenvolvidos são identificados da seguinte forma

Conceção da arquitetura do quadro

Configuração do servidor de aplicações

Conceção do modelo de segurança

Uma vez desenvolvida a base (quadro), é necessário identificar os componentes necessários para a criação do sistema UMEP. Os componentes que precisam de ser desenvolvidos são identificados da seguinte forma:

Conceção e implementação do novo sistema de gestão de bases de dados

Conceção das interfaces utilizador-cliente

Conceção do módulo de gestão de utilizadores

Conceção do módulo de comércio eletrónico

Conceção do módulo Leilão

Conceção do módulo de segurança

Fluxo de trabalho de implementação

Nesta fase, a codificação efectiva deve ser feita de acordo com a norma de programação. O código deve ser testado por unidades. As normas de programação a utilizar devem ser identificadas. Esta é uma das fases mais críticas, uma vez que uma falha na codificação resultará no colapso de todo o projeto. São necessárias novas competências de formação, que têm de ser aprendidas ou desenvolvidas. Enquanto a análise do sistema e o fluxo de trabalho de conceção identificam os componentes que devem ser desenvolvidos, esta fase desenvolve e implementa todos os requisitos de conceção identificados na fase anterior.

O desenvolvimento implica a implementação do UMEP. Esta fase implica a instalação do .NET framework 2.0, do SQL Server 2005 e do ambiente de programação, que é o VB.NET 2005. Para a implementação desta fase, é necessário desenvolver novas competências. Mais concretamente, trata-se de aprender a linguagem de programação ASP.NET, o .NET Framework, o XML e a implementação da funcionalidade SQL.

Fluxo de trabalho de teste

Na fase de ensaio do sistema, o produto deve ser testado por módulos e as interdependências entre os módulos devem ser validadas. A funcionalidade do produto deve ser testada como um todo. É necessário testar a conformidade do produto com os requisitos do sistema, bem como avaliar a sua adequação à tarefa de fazer compras em linha, ou seja, o objetivo geral do projeto. Nesta fase, o envolvimento do utilizador é vital para a conceção, reformulação e validação das interfaces do utilizador. Durante a fase de teste de aceitação do utilizador, o sistema UMEP deve ser validado em função dos requisitos do utilizador, dos critérios de aceitação e dos dados de aceitação. A Figura 3.3 mostra o sistema de desenvolvimento incremental

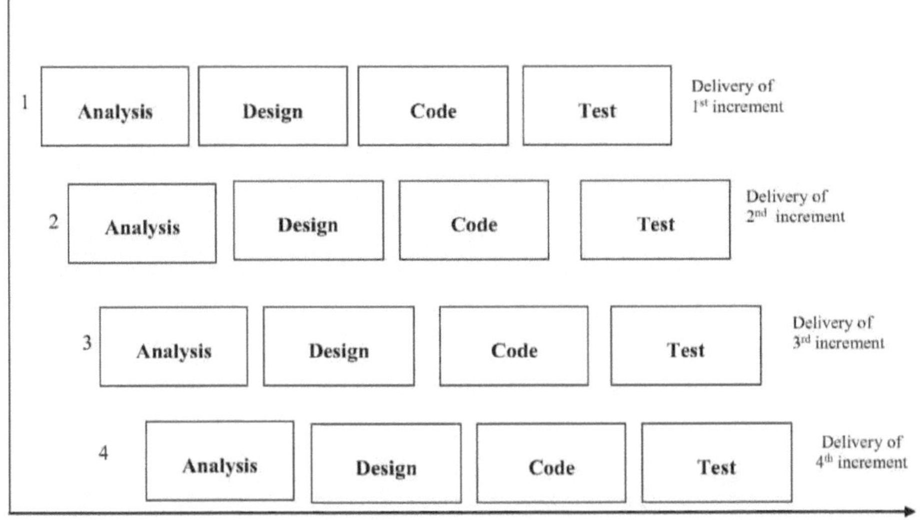

Figura 3.3: Ciclo de implantação de incrementos

3.6 Vantagens do modelo de desenvolvimento incremental (IDM)

Existe um menor risco de fracasso global do projeto. Embora possam ser encontrados problemas nalguns incrementos, é provável que alguns sejam entregues com sucesso ao cliente

Os clientes não têm de esperar até que todo o sistema seja entregue para poderem tirar partido dele. O primeiro incremento satisfaz o seu requisito mais crítico, pelo que o software pode ser imediatamente utilizado.

Proporciona uma oportunidade para explorar estratégias e revisões alternativas

O feedback precoce é gerado porque a implementação ocorre rapidamente para um pequeno subconjunto do sistema

Assegura que os programadores criam o sistema correto de acordo com a especificação e a verificação do sistema

Mais flexível na mudança de requisitos

Mais paralelismo poupa muito tempo!

No entanto, este modelo apresenta ainda alguns pontos fracos

Tempo extra gasto em testes, documentação e manutenção de um produto "temporário"

Pode ser difícil dividir o problema em incrementos adequados

Capítulo 4

4. Análise do sistema

4.1 Introdução

Uma boa prática de desenvolvimento de software começa com uma boa compreensão dos requisitos do utilizador. Um requisito é uma caraterística do sistema ou a descrição de algo que o sistema é capaz de fazer para cumprir o objetivo do sistema. Os requisitos devem ser definidos de acordo com duas categorias: os requisitos funcionais e os requisitos não funcionais (*Kendall, 1996*).

Os requisitos funcionais e não funcionais da UMEP são recolhidos através de: -

Pesquisa na Internet

É rápido e eficaz reunir informações valiosas perdidas através de um poderoso motor de busca como o Google e o Yahoo

Estudar outro sistema

Ao estudarmos as características de outros sistemas semelhantes, poderemos avaliar os seus pontos fortes e fracos, o que nos ajudará a determinar o tipo de funcionalidade adicional que deve ser incorporada no Portal de Comércio Eletrónico da Universidade da Malásia (UMEP).

▪ Questionários

O modelo de questionário apresentado no Apêndice B é entregue aos alunos. As respostas obtidas dos alunos são analisadas e fazem parte dos requisitos funcionais da UMEP.

4.2 Requisitos funcionais

Os requisitos funcionais do UMEP em linha devem ser classificados em três módulos principais:

Módulo de administrador

Módulo do utilizador (estudantes)

Módulo do proponente (utilizador)

A figura 4.1 mostra o diagrama de casos de utilização do módulo do administrador

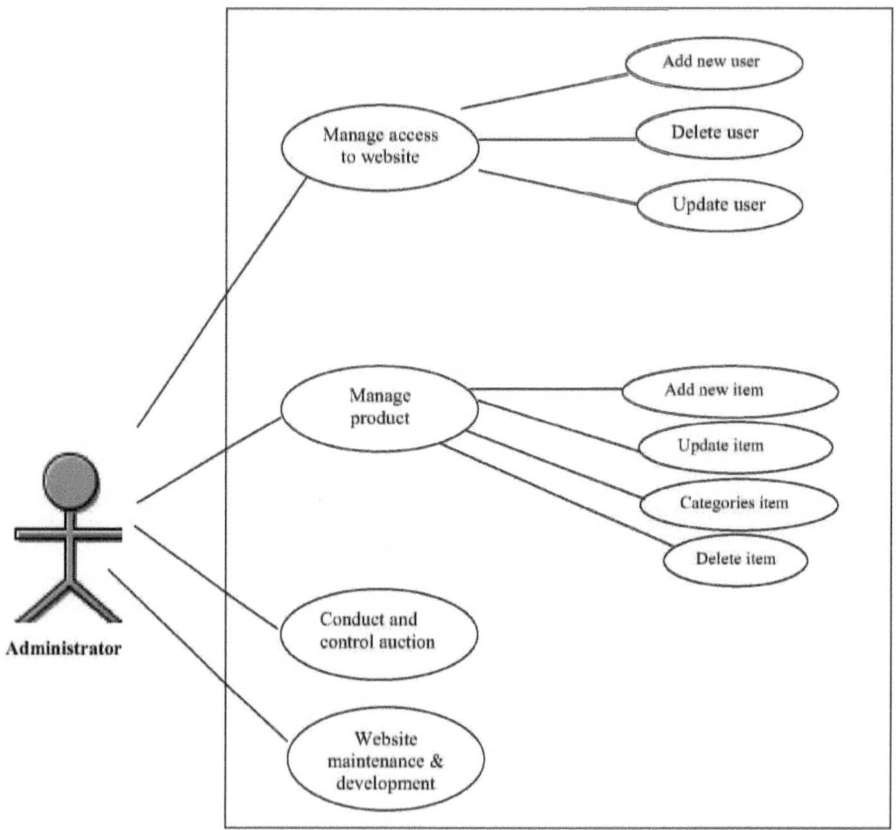

Figura 4.1: Diagrama de casos de utilização do módulo de administrador

4.2.1 Módulo de administrador:

Este módulo é especificado para ser utilizado pelos administradores do sítio Web para realizar várias

tarefas que podem ser resumidas da seguinte forma:

o **Funções de administrador:**

Gerir o acesso ao sítio Web: o administrador deve gerir o acesso ao UMEP, controlando o

acesso dos utilizadores

Racional: o utilizador só pode aceder ao módulo a que tem direito de acesso

Atualização de produtos: o administrador deve proceder à atualização e catalogação de produtos, bem como à eliminação de produtos antigos e à atualização de artigos de promoção.

Racional: Ajudar o cliente a procurar o produto com a melhor pechincha.

Conduzir e controlar o leilão: o administrador especificará a data de abertura e de fecho do item do leilão

Racional: ver o artigo para o leilão

Manutenção e desenvolvimento do sítio Web: O administrador procede à manutenção regular do sítio Web e, se necessário, ao desenvolvimento da sua conceção.

Racional: para ajudar o administrador a manter o sítio Web.

Este módulo diz respeito principalmente à conta do utilizador, ao carrinho de compras e ao perfil do utilizador.

As tarefas do módulo podem ser resumidas da seguinte forma:

A figura 4.2 mostra o diagrama de casos de utilização do módulo do utilizador

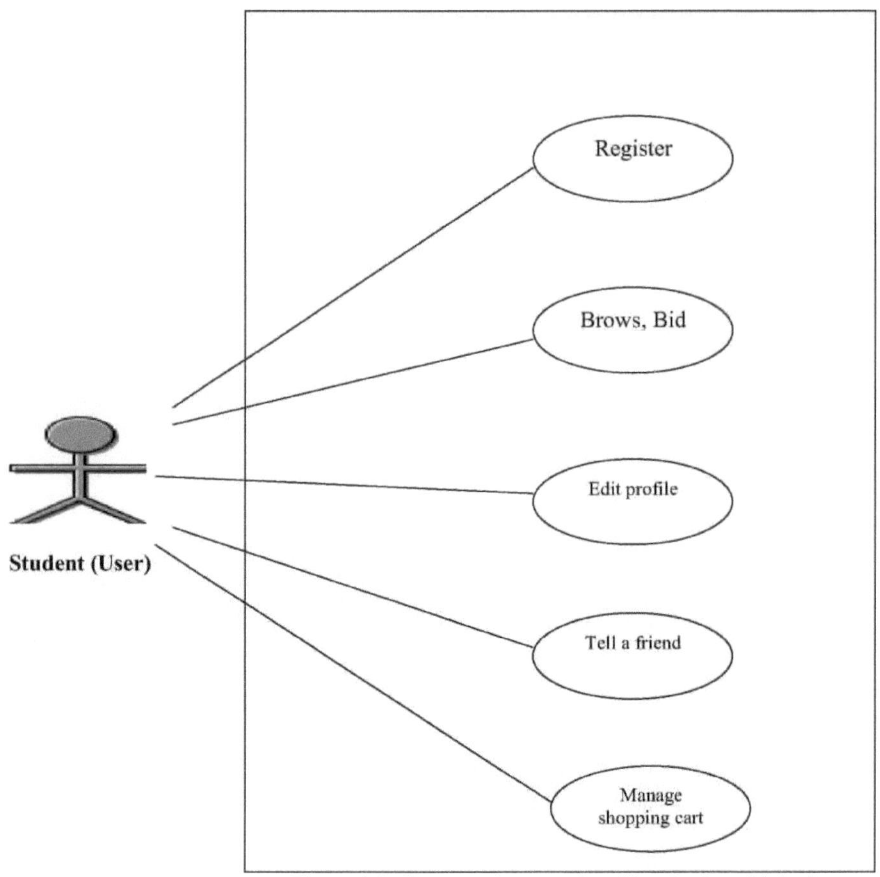

Figura 4.2: diagrama de casos de utilização do módulo do utilizador

Fornecer uma interface que permita ao utilizador registar-se: Esta facilidade permite ao utilizador abrir uma conta e introduzir os seus dados de contacto para referência futura.

Racional: Esta facilidade ajuda o utilizador a fazer compras em linha sem ter de introduzir sempre os seus dados de contacto.

Validação: validar o correio eletrónico do cliente.

Racional: permitir que os clientes registados validem os seus dados de contacto.

Editar perfil: alteração dos dados de contacto dos clientes.

Justificação: Esta funcionalidade permite que o cliente altere o seu endereço eletrónico.

Dizer a um amigo: para popularizar o sítio Web.

Racional: permitir que os clientes introduzam os endereços de correio eletrónico dos seus amigos para os informar sobre o sítio Web.

Gerir o carrinho de compras: adicionar e eliminar artigos do carrinho de compras.

Fundamentação: permitir que os clientes escolham os artigos e os adicionem ao carrinho de compras, bem como eliminar os artigos que não são necessários.

Cálculo do preço: mostrar ao cliente o montante total a pagar.

Racional: indicar o montante total de dinheiro necessário para pagar, bem como os pormenores do preço de cada artigo.

Fatura eletrónica: comprovativo de compra enviado para o e-mail do cliente.

Justificativa: O cliente recebe uma mensagem eletrónica de confirmação da sua compra com a fatura dos artigos.

Este módulo diz respeito principalmente ao sistema de leilões. As tarefas do módulo podem ser resumidas da seguinte forma. A Figura 4.3 mostra o diagrama de casos de utilização do módulo Leilão

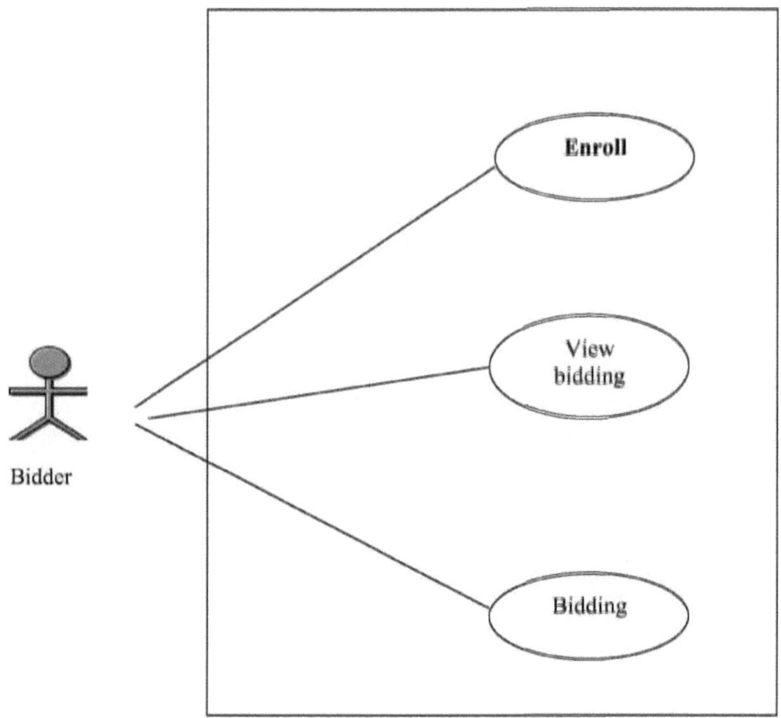

Figure 4.3 show Auction module use case dugram

. **Inscrever-se:** Esta facilidade permite que o proponente se registe e introduza os seus dados de contacto para referência futura.

Racional: ajudar um proponente a apresentar uma proposta em linha sem ter de introduzir sempre os seus dados de contacto

Ver licitações: esta facilidade permite ao licitante ver o histórico de licitações para os itens

Racional: para ver as informações completas sobre os itens

Licitação: introduzir valores (preço) para os itens

Racional: permite que um licitante introduza valores (preço) para os seus artigos que pretende vender

A figura 4.3 mostra o módulo de segurança, diagrama de casos de utilização do módulo

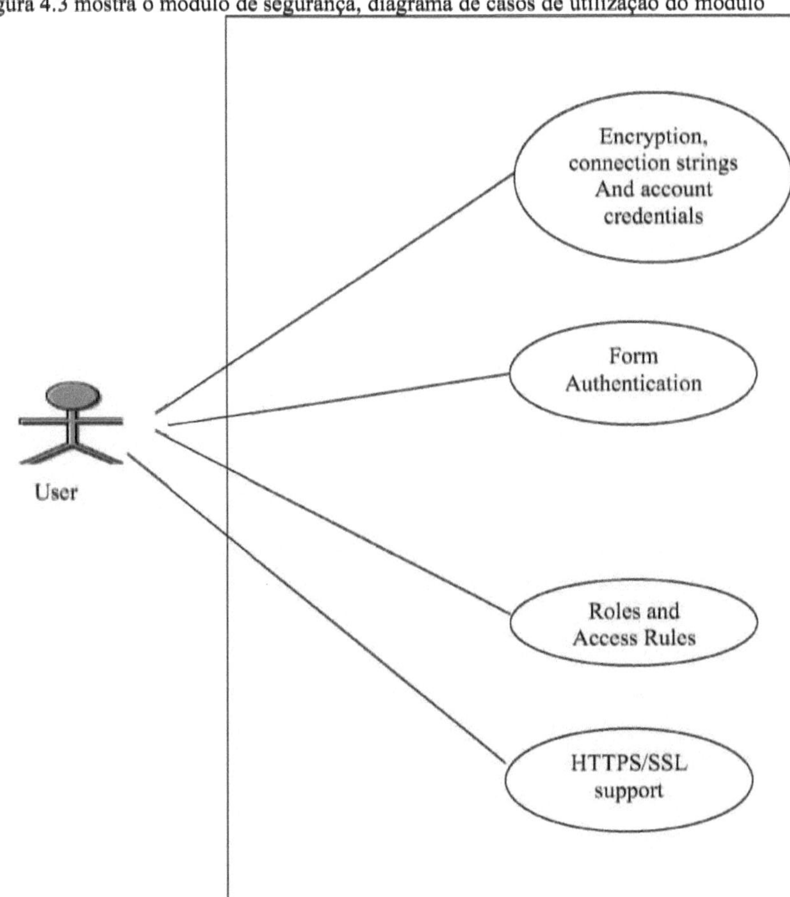

Figura 4.4: diagrama de casos de utilização do módulo de segurança

Cadeias de ligação de encriptação e credenciais de conta

O UMEP utiliza uma funcionalidade de Configuração Protegida para permitir ao programador

encriptar secções de ficheiros Machine.config e Web.config utilizando a encriptação DPAPI ou RSA.

Racional: é particularmente útil para encriptar cadeias de ligação e credenciais de conta.

Autenticação de formulários

A autenticação de formulários refere-se a um sistema no qual os pedidos não autenticados são

redireccionados para um formulário HTML (Hypertext Markup Language) no qual os utilizadores introduzem as suas credenciais. Depois de o utilizador fornecer as credenciais e submeter o formulário, a aplicação autentica o pedido e o UMEP emite um bilhete de autorização sob a forma de um cookie. Este cookie contém as credenciais ou uma chave para readquirir a identidade. Os pedidos subsequentes do navegador incluem automaticamente o cookie

Regras de acesso

O principal objetivo da definição de funções é fornecer ao administrador uma forma fácil de gerir as regras de acesso para grupos de utilizadores. Os administradores criam utilizadores e, em seguida, atribuem-lhes diferentes funções.

Suporte HTTPS/SSL

A UMEP suporta a tecnologia SSL que encripta a transmissão de dados entre a loja em linha e o computador do cliente. Quando os clientes visitam páginas onde são introduzidas ou apresentadas informações sensíveis, a UMEP muda automaticamente para o protocolo HTTPS/SSL para garantir transacções seguras.

4.3 Requisitos não funcionais

Os requisitos não funcionais não regem diretamente as funções específicas a realizar pelo sistema. Dizem respeito a certas questões de desempenho e fiabilidade, bem como aos condicionalismos em que o sistema deve funcionar.

▪ Plataforma

O sistema deve ser executado na plataforma Microsoft Windows. Isto deve ser necessário para a coerência da interface do utilizador na implementação inicial do sistema.

Fiabilidade da base de dados

O sistema deve utilizar um sistema fiável de gestão de bases de dados. Todas as actualizações da base de dados devem ser fiáveis. Assim, a base de dados deve ser relacional e utilizar os métodos actuais de acesso à base de dados.

Robustez

O sistema deve ser construído com rotinas robustas de recuperação de erros para lidar com as falhas do sistema. O sistema deve ser capaz de orientar o utilizador para sair de uma situação em que ocorra um erro. Isto é importante para evitar o apoio humano, que é dispendioso.

- Recuperabilidade

Caso ocorram erros no acesso a várias partes das rotinas, como o acesso à base de dados, o sistema deve fornecer uma rotina de recuperação. Esta rotina deve guiar o utilizador através do processo de recuperação.

4.4 Requisitos da interface do utilizador

O sistema deve fornecer uma interface de utilizador que seja intuitiva e não cause confusão ou ambiguidade ao utilizador. É também preferível que os utilizadores possam esperar o que o sistema deve ser capaz de fornecer e que correspondam a essas expectativas. Os utilizadores já utilizaram sistemas semelhantes anteriormente. Por conseguinte, os utilizadores devem ser capazes de encontrar facilmente as mesmas funcionalidades sem dificuldade. Além disso, a interface do utilizador deve satisfazer os seguintes requisitos:

Consistência da interface entre os vários módulos. Cada módulo deve ser concebido com um aspeto semelhante, com o mesmo tipo de botões e ícones (*página principal em ASP.NET 2.0)*

Familiaridade do utilizador com base em sistemas de software anteriores. O utilizador deve conhecer as capacidades do sistema como resultado da utilização de sistemas anteriores e esperar, pelo menos, as funcionalidades que estavam presentes anteriormente. O sistema pode então fornecer novas funcionalidades.

4.5 Requisitos de hardware e software:

Os requisitos de hardware e software para o ambiente de desenvolvimento do sistema estão indicados na tabela 4.1 e na tabela 4.2.

Tabela 4.1 Requisitos de hardware

Processo	Processador Intel Pentium 4 de 2,6 GHz
Memória	512 RAM ou superior
Disco rígido	40 GB de espaço no disco rígido
Monitor	SVGA ou compatível
Dispositivo de entrada	Teclado , rato
Outros	Adaptador de rede , Impressora

Tabela 4.2 Requisitos de software

Ferramenta de criação	Microsoft Visual Studio.NET 2005
Servidor de base de dados	Microsoft SQL Sever 2005
Sistema operativo	Windows XP profissional
Navegador Web	Microsoft Internet explore 6.0
Língua de desenvolvimento	ASP.NET 2.0 , XML

4.6 Fluxos de eventos

Pesquisa:

Para permitir que os alunos encontrem os artigos que procuram o mais rapidamente possível e com a melhor pechincha.

▪ Registo

Permitir que o utilizador (Estudante) se inscreva para abrir uma conta e usufruir das instalações do PNUA.

▪ Editar perfil

Para permitir que os utilizadores actualizem os seus dados pessoais.

Dizer a um amigo

Para ajudar a promover o sítio Web, os alunos são incentivados a informar os seus amigos através de correio eletrónico.

▪ Feedback

A fim de manter o sítio Web de fácil utilização, foi criado um mecanismo de feedback que permite aos utilizadores comunicarem ao administrador sugestões para melhorar o portal.

Recuperação de palavras-passe

Tal como na maioria dos sítios Web com registo de conta, o portal UM E-commerce oferece a possibilidade de recuperação de palavra-passe, caso o utilizador se esqueça da sua palavra-passe.

▪ Contactar-nos

Como é habitual em todos os sítios Web de comércio eletrónico, foi disponibilizado um botão "Contacte-nos" para o caso de os utilizadores pretenderem contactar o administrador por qualquer motivo.

▪ Proposta

Os utilizadores que participam num leilão poderão licitar e ver os licitantes e colocar quaisquer questões sobre o artigo listado

Capítulo 5

5. Conceção do sistema

5.1 Introdução

A conceção de sistemas é o processo ou a arte de definir a arquitetura de hardware e software, os componentes, os módulos, as interfaces e os dados de um sistema informático para satisfazer requisitos específicos. A conceção do UMEP inclui as seguintes questões

Conceção da arquitetura do sistema

Conceção da estrutura do sistema

Projeto pormenorizado

Conceção de bases de dados

5.2 Arquitetura do sistema

A UMEP utilizará uma arquitetura de três níveis. A arquitetura em três níveis destina-se a permitir que qualquer um dos três níveis seja atualizado ou substituído independentemente, à medida que os requisitos ou a tecnologia mudam. Por exemplo, uma mudança de sistema operativo de Microsoft Windows para Unix afectaria apenas o código da interface do utilizador.

Normalmente, a interface de utilizador é executada num PC de secretária ou numa estação de trabalho e utiliza uma interface gráfica de utilizador normalizada, a lógica do processo funcional pode consistir num ou mais módulos separados executados numa estação de trabalho ou num servidor de aplicações e um RDBMS num servidor de bases de dados ou num mainframe contém a lógica de armazenamento de dados. A figura 5.1 mostra a arquitetura em três níveis

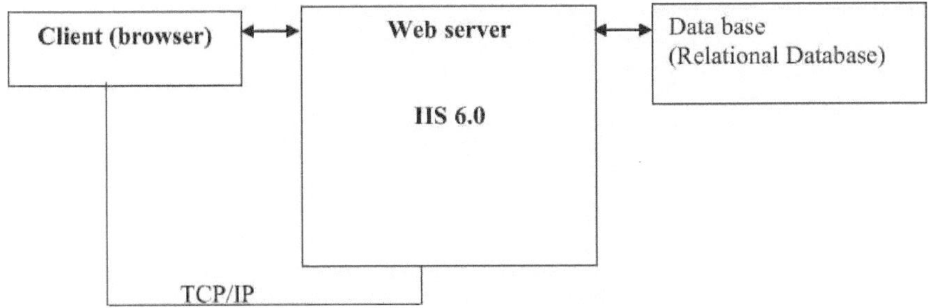

Figura 5. 1: Arquitetura de três pneus

5.3 Conceção da estrutura do sistema

O quadro que se segue serve de base para o desenvolvimento de qualquer aplicação, a fim de evitar reinventar a roda do desenvolvimento para cada novo trabalho de desenvolvimento. A figura 5.2 mostra o quadro do sistema da UMEP

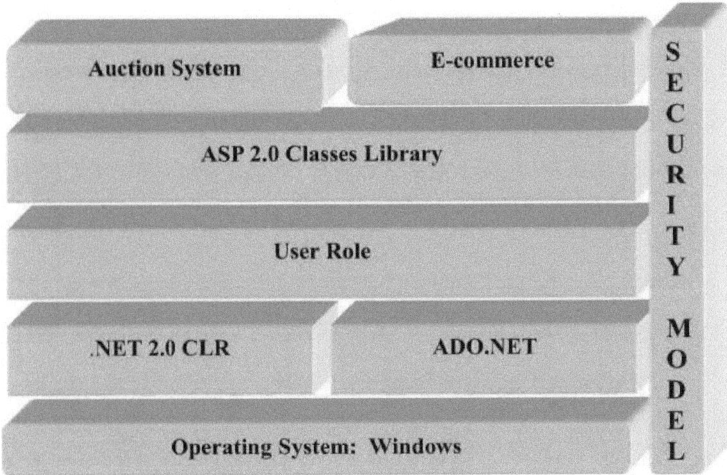

Figura 5.2 Estrutura do sistema UMEP

Sistema operativo: Todo o sistema de estrutura foi construído no sistema operativo Windows devido ao facto de a linguagem de programação utilizada no desenvolvimento deste projeto ser ASP.Net, que é uma linguagem de programação baseada no Windows. .NET 2.0 CLR: Possui novas funcionalidades, especialmente no que diz respeito à segurança e à facilidade de utilização. ADO.NET. Foi utilizado para facilitar a comunicação entre a base de dados e a interface do utilizador.

Para além disso, possui mais funcionalidades do que o ADO.

Função do utilizador: Esta camada foi desenvolvida para permitir o acesso do utilizador ao sistema, bem como para definir as funções do utilizador.

Biblioteca de classes ASP 2.0: Tem muitas características novas, como o navegador do sítio, a página principal e as melhorias de segurança. Sistema de leilão: Este componente permite aos alunos licitarem os produtos expostos e o módulo é simples para ajudar os alunos a navegarem com menos problemas. Sistema de segurança: Foi desenvolvido com base na mais recente estrutura ASP.NET 2.0, com características de segurança como a autenticação. Encriptação e regras de acesso.

Comércio eletrónico: permite aos estudantes comprar e vender bens em linha.

5.4 Conceção pormenorizada

Tendo investigado o comportamento do nosso domínio, é agora necessário descobrir um meio de detalhar o UMEP. Foi decidido que este relatório se esforçaria por dar mais ênfase à conceção detalhada do aspeto do carrinho de compras do leilão, do registo e do sistema de segurança. Os diagramas seguintes mostram a conceção pormenorizada do comércio eletrónico. A figura 5.3 mostra o diagrama da máquina de estados do UMEP (as figuras (5.4), (5.5), (5.6) e (5.7) mostram o diagrama da máquina de subestados), a figura 5.8 mostra o diagrama de estados do módulo de leilões, a figura 5.9 mostra o diagrama de estados do módulo de segurança e a figura 5.10 mostra o diagrama de eventos

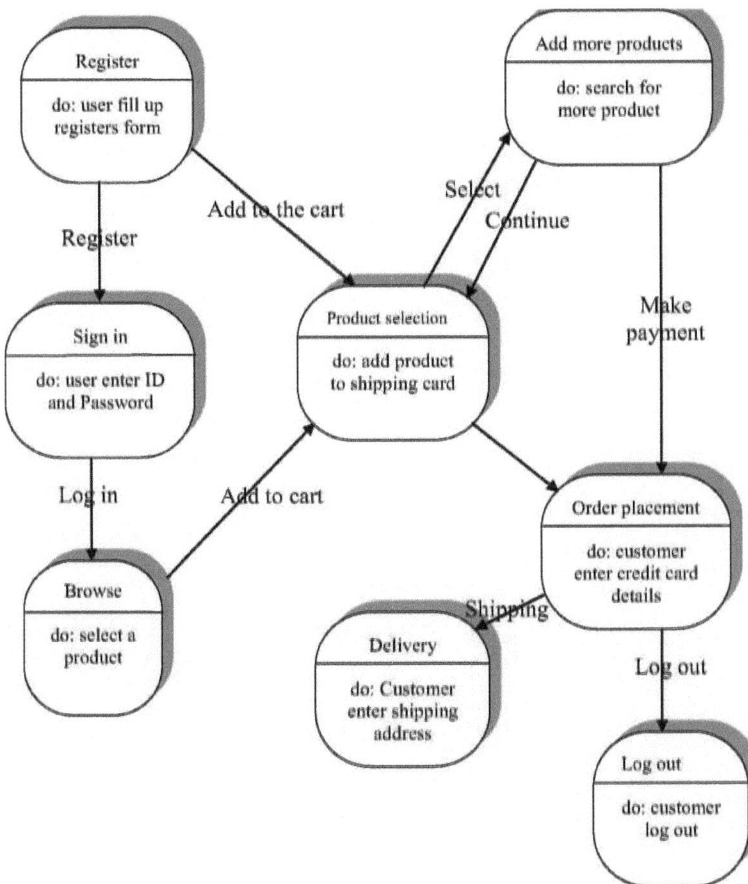

Figure 5.3 state machines UMEP

Figura 5.3 Diagrama da máquina de estados do UMEP, a figura que representa todo o sistema.

Os rectângulos arredondados representam estados. As setas representam as transições, as progressões

de um estado para outro. Nas figuras seguintes, mostrarei cada estado em pormenor

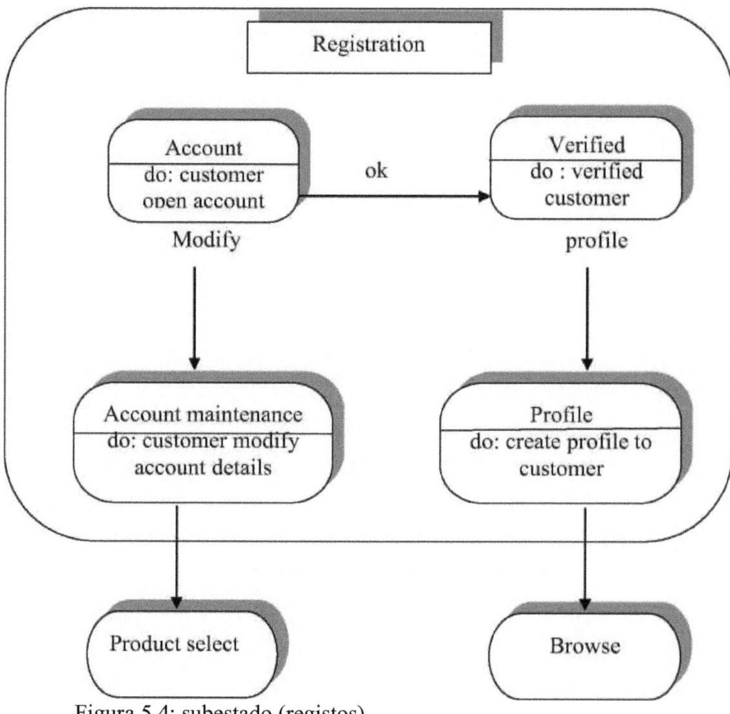

Figura 5.4: subestado (registos)

A Figura 5.4 representa o subestado Registo. Os clientes têm de se registar antes de navegarem pelos artigos. É fornecido um formulário de registo simples, após o qual o sistema cria um perfil que ajuda os clientes a alterar as suas informações

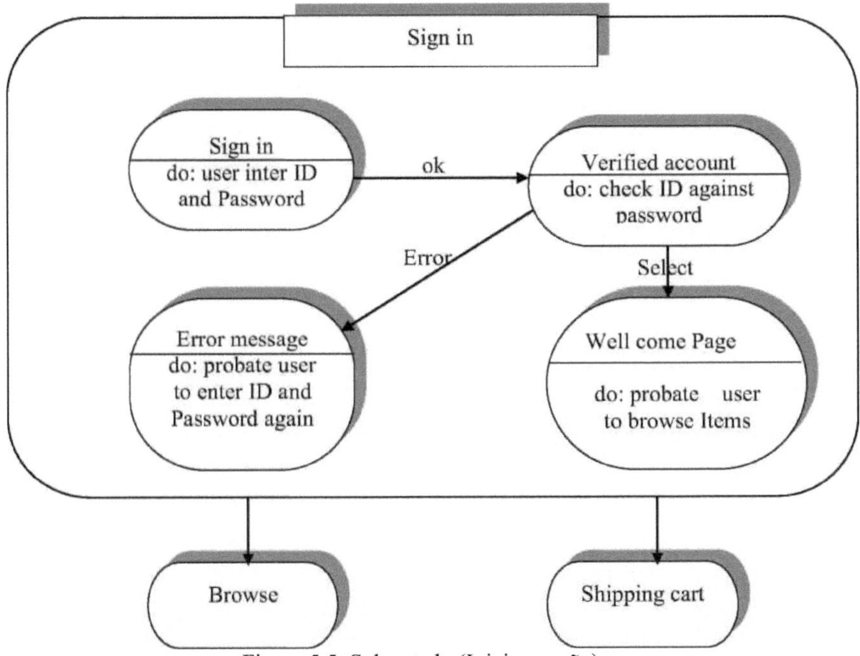

Figura 5.5: Sub-estado (Iniciar sessão)

O subestado "Sign in" é apresentado acima, os clientes devem introduzir um nome de utilizador e uma palavra-passe válidos para assinar. Em seguida, o sistema verificará o nome de utilizador e a palavra-passe e, se estiverem correctos, aparecerá a página "Começar".

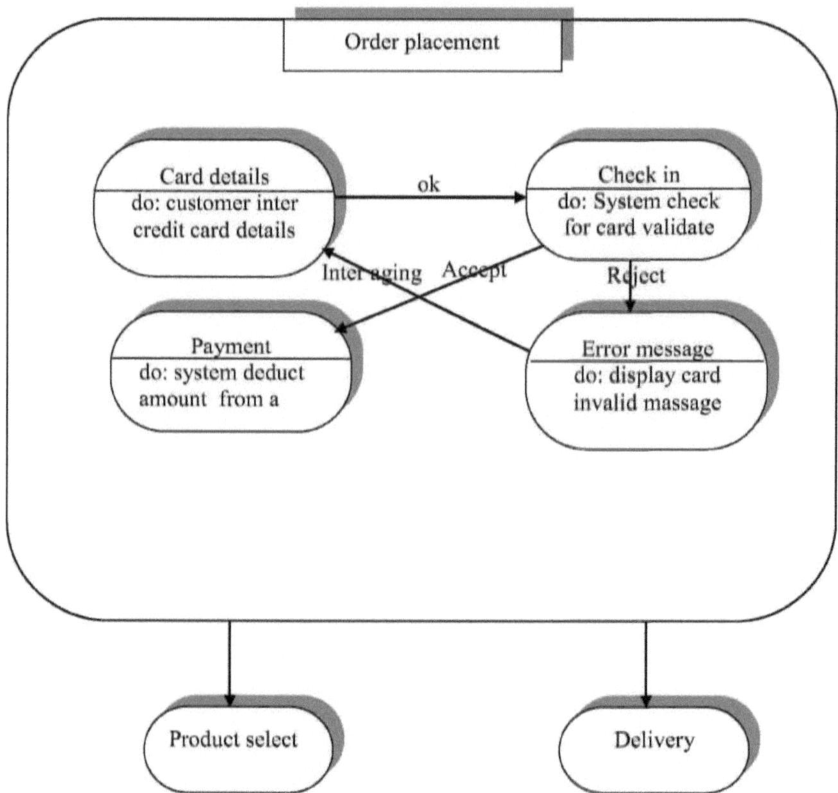

Figura 5.6: Sub-estado (colocação de encomendas)

O sub-site de colocação de encomendas mostra que o cliente tem de introduzir informações válidas sobre o cartão de crédito e, em seguida, o sistema verifica-as para concluir a transação ou rejeitar o processo.

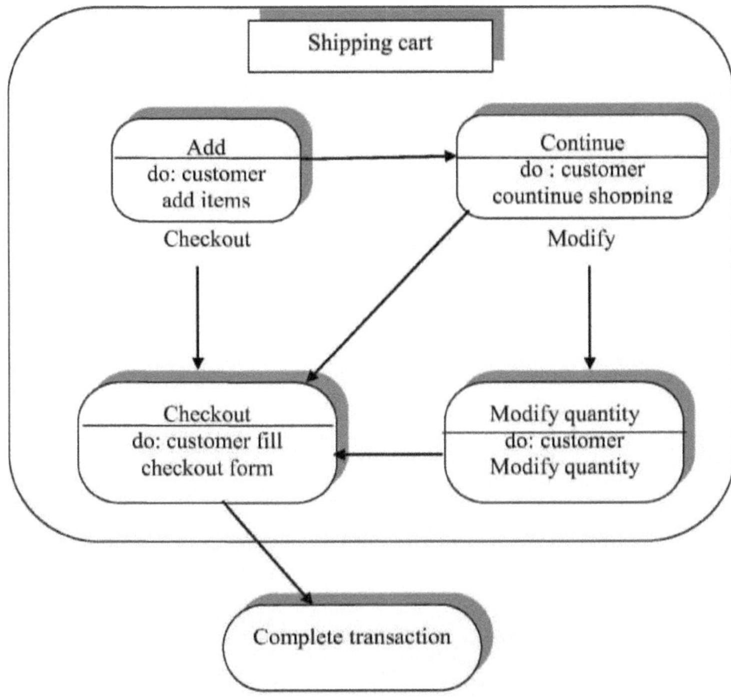

Figura 5.7 Sub-estado do carrinho de compras

A Figura 5.7 mostra que, depois de adicionar artigos ao seu carrinho de compras, o cliente tem várias opções: Continuar a comprar,

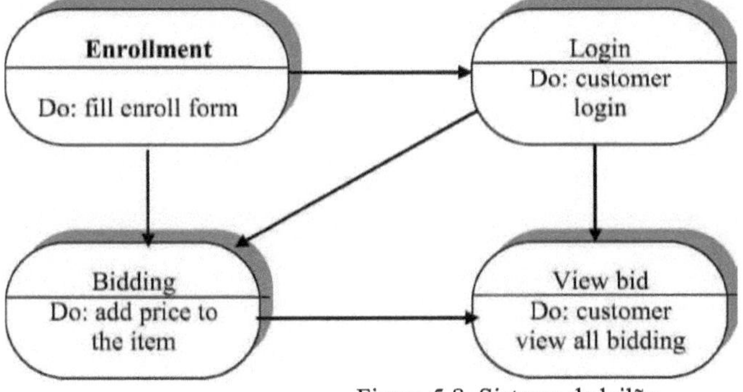

Figura 5.8: Sistema de leilão

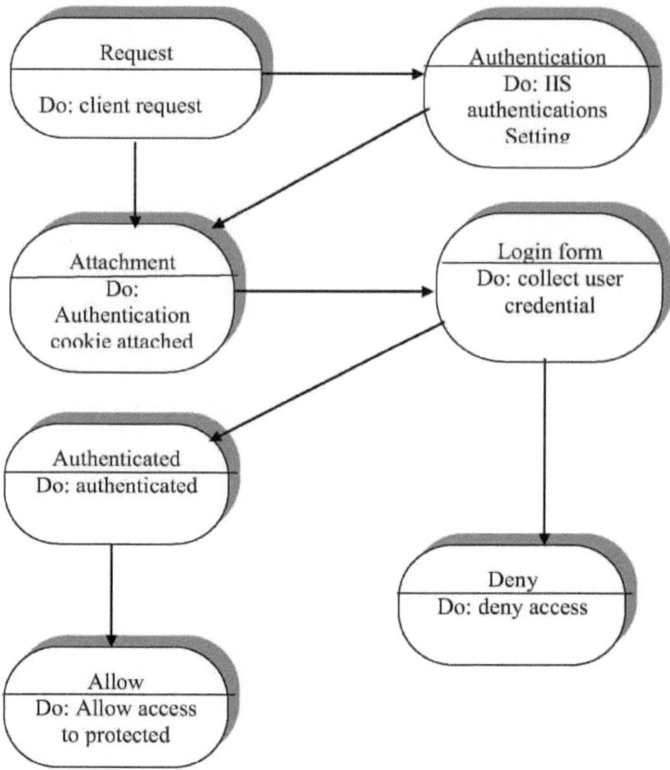

Figura 5.9 Módulo de segurança

5.5 Conceção da base de dados

5.5.1 Diagrama de relação entre entidades

Esta secção é um diagrama entidade-relacionamento , para o UMEP . Um **modelo entidade-relacionamento** (ERM) é um modelo que fornece uma descrição de alto nível de um modelo concetual de dados. Um diagrama entidade-relacionamento é frequentemente utilizado como forma de visualizar uma base de dados relacionada: cada entidade representa uma tabela da base de dados e as linhas de relacionamento representam a chave numa tabela que aponta para registos específicos em tabelas relacionadas. Os diagramas ER também podem ser mais abstractos, não sendo necessário capturar todas as tabelas necessárias numa base de dados, mas servindo para diagramar os principais conceitos e relações. Existem vários sistemas de modelação diferentes para o diagrama entidade-relacionamento. Este diagrama ER é apresentado na notação ERD comum.

5.5.2 Entidades

As entidades são conceitos no âmbito do modelo de dados. Cada entidade é representada por uma caixa no RDD. As entidades são conceitos abstractos, cada um representando uma ou mais instâncias do conceito em questão.

Uma entidade pode ser considerada um contentor que contém todas as instâncias de algo específico num sistema. As entidades são equivalentes às tabelas de uma base de dados relacional, em que cada linha da tabela representa uma instância dessa entidade

5.5.3 Relação

Uma *relação* é uma associação entre duas ou mais tabelas. As relações são expressas nos valores de dados das chaves primárias e estrangeiras.

Uma *chave primária* é uma coluna ou colunas de uma tabela cujos valores **identificam exclusivamente** cada linha de uma tabela. Uma *chave externa é uma* coluna ou colunas cujos valores são os mesmos que a chave primária de outra tabela. A relação é estabelecida entre duas tabelas relacionais, fazendo corresponder os valores da chave estrangeira numa tabela aos valores da chave primária noutra.

5.5.4 Conectividade e cardinalidade

A conetividade de uma relação descreve o mapeamento de instâncias de entidades associadas na relação. Os valores de conetividade são "um" ou "muitos". A cardinalidade de uma relação é o número efetivo de ocorrências relacionadas para cada uma das duas entidades. Os tipos básicos de conetividade para relações são: um-para-um, um-para-muitos e muitos-para-muitos.

Uma relação de *um para um* (1:1) ocorre quando, no máximo, uma instância de uma entidade A está associada a uma instância da entidade B.

Uma relação *um-para-muitos* (1: **да**) verifica-se quando, para uma instância da entidade A, existem zero, uma ou muitas instâncias da entidade B, mas para uma instância da entidade B, existe apenas uma instância da entidade A. A Figura 5.9 mostra o diagrama eletrónico para o módulo de gestão de funções e segurança do UMEP. A Figura 5.10 mostra o ERP para o módulo de comércio eletrónico do UMEP. A Figura 5.11 mostra o ERP para o módulo de leilões do UMEP.

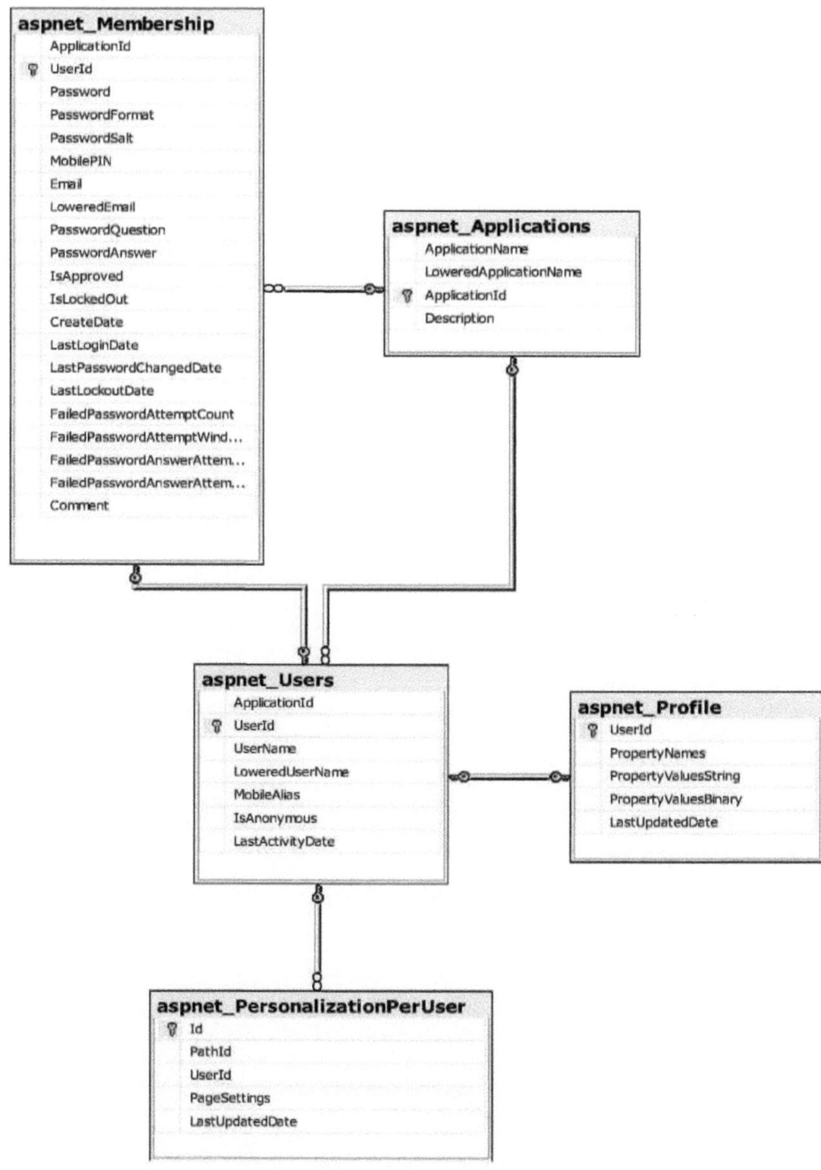

Figura 5.9: Diagrama de relações entre entidades UMEP (gestor de funções e modelo de segurança)

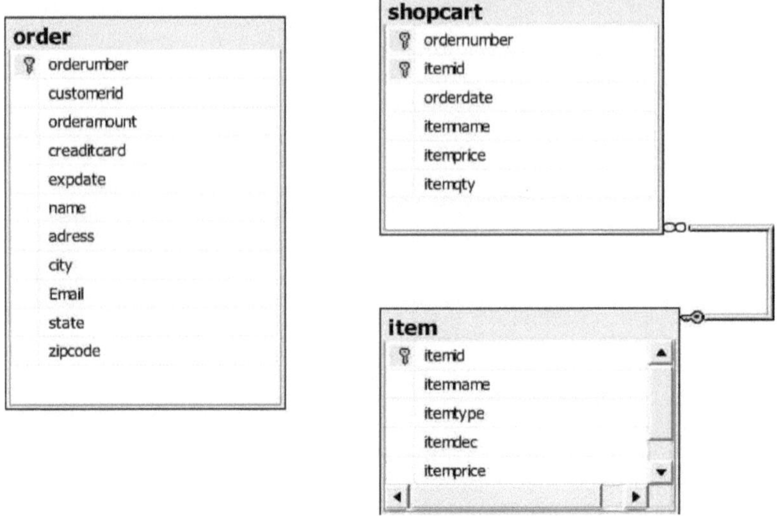

Figura 5.10 Diagrama de relações entre entidades da UMEP (sistema de comércio eletrónico)

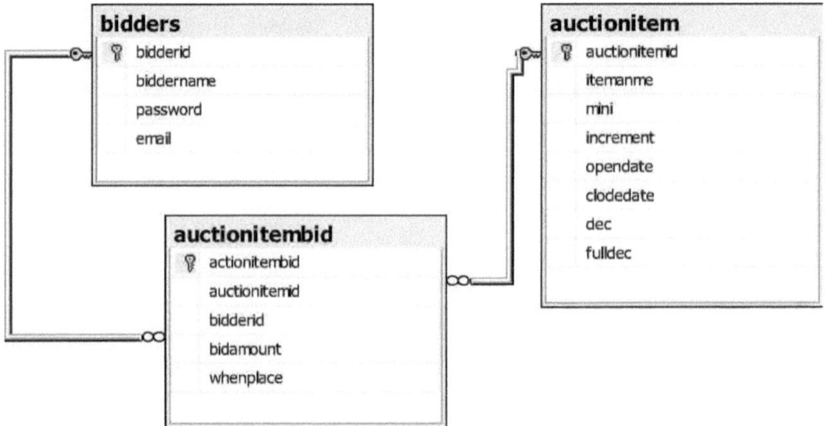

Figura 5.11: Diagrama Entidade-Relação da UMEP (sistema de leilão)

5.5.6 Dicionário de dados

Nesta secção, é apresentado o dicionário de dados da UMEP

Tabela 5.1: mostra aspnet_Applications

Key	Filed	Data Type	Length	Allow Nulls
	ApplicationName	nvarchar	50	N
	LoweredApplicationName	nvarchar	50	
PK	ApplicationId	uniqueidentifier		
	Description	nvarchar	50	

Tabela 5.2: mostra aspnet_Membership

Key	Filed	Data Type	Length	Allow Nulls
	ApplicationId	uniqueidentifier		N
PK	UserId	uniqueidentifier		N
	Password	nvarchar	128	N
	PasswordFormat	int		N
	PasswordSalt	nvarchar(MAX)	128	N
	MobilePIN	nvarchar	16	
	Email	nvarchar	256	
	LoweredEmail	nvarchar	256	
	PasswordQuestion	nvarchar	256	
	PasswordAnswer	nvarchar	128	
	IsApproved	bit		N
	IsLockedOut	bit		N

	CreateDate	dataTime		N
	LastLoginDate	dataTime		N
	LastPasswordChangedDate	dataTime		N
	LastLockoutDate	datetime		N
	FailedPasswordAttemptCount	int		N
	FailedPasswordAttemptWindowStart	decimal	8	N
	FailedPasswordAnswerAttemptCount	int		N
	FailedPasswordAnswerAttemptWindowStart	dateTime		N
	Comment	ntext		

Tabela 5.3: mostra aspnet_Paths

Key	Filed	Data Type	Length	Allow Nulls
	ApplicationId	uniqueidentifier		NO
PK	PathId	uniqueidentifier		NO
	Path	nvarchar(MAX)		NO
	LoweredPath	LoweredPath		NO

Tabela 5.4:mostra aspnet_PersonalizationAllUsers

Key	Filed	Data Type	Length	Allow Nulls
PK	PathId	uniqueidentifier	-	NO
	PageSettings	Image	-	NO
	LastUpdatedDate	decimal	18	NO

Tabela 5.5: mostra aspnet_PersonalizationPerUser

Key	Filed	Data Type	Length	Allow Nulls
PK	Id	varbinary	50	NO
	PathId	uniqueidentifier		
	UserId	uniqueidentifier		
	PageSettings	image		NO
	LastUpdatedDate	dateTime		NO

Tabela 5.6: mostra aspnet_Profile

Key	Filed	Data Type	Length	Allow Nulls
PK	Id	varbinary	50	NO
	PathId	uniqueidentifier		
	UserId	uniqueidentifier		
	PageSettings	image		NO
	LastUpdatedDate	decimal	18	NO

Tabela 5.7: mostra aspnet_Roles

Key	Filed	Data Type	Length	Allow Nulls
	ApplicationId	uniqueidentifier		NO
PK	RoleId	uniqueidentifier		NO
	RoleName	nvarchar	256	NO
	LoweredRoleName	nvarchar	256	NO
	Description	nvarchar	256	

Tabela 5.8: mostra aspnet_SchemaVersions

Key	Filed	Data Type	Length	Allow Nulls
PK	Feature	nvarchar	128	NO
PK	CompatibleSchemaVersion	nvarchar	128	NO
	IsCurrentVersion	bit		NO

Tabela 5.9: mostra aspnet_Users

Key	Filed	Data Type	Length	Allow Nulls
	ApplicationId	uniqueidentifier		NO
PK	UserId	uniqueidentifier		NO
	UserName	nvarchar(256)	256	NO
	LoweredUserName	nvarchar	256	NO
	MobileAlias	nvarchar	16	
	IsAnonymous	bit		NO
	LastActivityDate	dataTime		NO
				NO

Tabela 5.10: mostra aspnet_UsersInRoles

Key	Filed	Data Type	Length	Allow Nulls
PK	UserId	uniqueidentifier		NO
PK	RoleId	uniqueidentifier		NO

Tabela 5.11: mostra aspnet_WebEvent_Events

Key	Filed	Data Type	Length	Allow Nulls
PK	EventId	char	32	NO
	EventTimeUtc	Datetime		NO
	EventTime	Datetime		NO
	EventType	nvarchar	256	NO
	EventSequence	float	19	NO
	EventOccurrence	decimal	18	NO
	EventCode	Int		NO
	EventDetailCode	money		NO
	Message	nvarchar	1024	

	ApplicationPath	real		
	ApplicationVirtualPath	nvarchar	256	
	MachineName	nvarchar	256	NO
	RequestUrl	nvarchar	1024	
	ExceptionType	nvarchar	256	
	Details	ntext		

Tabela 5.12: mostra Itens

Key	Filed	Data Type	Length	Allow Nulls
PK	Itemid	nchar	10	NO
	Itemname	itemname	50	NO
	Itemtype	itemtype	50	NO
	Itemdec	varchar(MAX)		
	itemprice	Real		NO
	itemphoto	vaechar	10	NO

Tabela 5.13: mostra ShippingCart

Key	Filed	Data Type	Length	Allow Nulls
PK	Itemid	Nchar	10	NO
PK	Ordernumber	nchar	10	NO
	Itemname	nvarchar(MAX)		NO
	Orderdate	dateTime		NO
	Itemprice	itemprice	Real	NO
	itemqty	int		NO

Quadro 5.14: mostra o quadro de encomendas

Key	Filed	Data Type	Length	Allow Nulls
PK	orderrId	Int		N
	Customerid	Int		N
	Oderamunt	money		N
	Creditcart	int		N
	Exddate	datatime		N
	Name	nvarchar	50	N
	address	nchar	100	
	City	Nchar	20	
	Email	Nchar	20	
	State	Nchar	10	
	Zipcode	Int		

Quadro 5.15: mostra os proponentes

Key	Filed	Data Type	Length	Allow Nulls
PK	biderID	Int	-	N
	Biddername	varchar	50	N
	Bidderpsassword	varchar	50	N
	BidderEmain	varhar	50	N

Quadro 5.16: mostra as rubricas do leilão

Key	Filed	Data Type	Length	Allow Nulls
PK	acutionitemid	Int	-	N
	Itemname	varchar		N
	Minim	Money		N
	Increment	Money		N

Key	Filed	Data Type	Length	Allow Nulls
	Opendate	Datatime		N
	Closedate	Datatime		N
	dec	Vchar	50	
	Fulldec	Varchar	max	

Tabela 5.17: mostra o Leilãoitembid

Key	Filed	Data Type	Length	Allow Nulls
PK	acutionitembidid	Int	-	N
	Acutionitemid	Int	-	N
	Bidderid	Int	-	N
	bidAmount	Money		N

Capítulo: 6

Implementação e teste de sistemas

6.1 Introdução

O objetivo da fase de implementação é implementar um sistema de forma correcta, eficiente e rápida num determinado conjunto ou gama de computadores, utilizando ferramentas e linguagens de programação específicas. No processo de implementação do sistema, os requisitos do sistema são convertidos em código de programa.

6.2 Ambiente de desenvolvimento

Durante as fases iniciais do desenvolvimento, foram testadas várias ferramentas para garantir a sua adequação à tarefa. Esta é uma fase importante que precede o desenvolvimento propriamente dito. É necessário descobrir quais as ferramentas disponíveis e testar as ferramentas que funcionam na plataforma de desenvolvimento de hardware e software.

É certo que esta fase ocupou muito tempo na procura das ferramentas de desenvolvimento correctas. As ferramentas e os ambientes de desenvolvimento têm de se adaptar aos recursos disponíveis. Por outro lado, pode ser necessário adquirir novos equipamentos para executar corretamente novas ferramentas. O desenvolvimento e a implementação foram efectuados em dois locais:

Ambiente de desenvolvimento

As actividades de desenvolvimento foram realizadas em casa e, neste caso, a casa serve como o principal ambiente de desenvolvimento.

Ambiente de ensaio no terreno

O sistema desenvolvido foi depois transportado para o ambiente real (ambiente universitário) para ser testado e implementado. Obviamente, foram encontrados problemas na transferência entre os dois ambientes.

6.3 Ambiente de hardware

Foram utilizadas as seguintes especificações de hardware para desenvolver o portal de comércio eletrónico da UM

Processadores Intel Pentium 4 1.2MHz

- 512 RAM

Disco rígido de 40 GB

6.4 Ambiente de software

As ferramentas de software utilizadas para desenvolver o portal de comércio eletrónico da UM são as seguintes

Quadro 1.6: ambiente de software

Categoria de software	Nome do software
Sistema operativo	Windows XP
Ferramentas de desenvolvimento de software	(VS2005) Virtual Studio 2005
Servidor de base de dados	Servidor SQL 2005
Navegador Web	Internet Explore 6
Servidor Web	IIS
Ferramentas de gestão de projectos	Microsoft Project 2003 Microsoft Word 2003

6.5 Desenvolvimento com provisão para recuperação de desastres e espelhamento

É de notar que o processo de desenvolvimento previu a recuperação de desastres. O ímpeto para este padrão de recuperação de desastres foi impulsionado por vários desastres que aconteceram anteriormente no processo de desenvolvimento. As razões para o plano de desenvolvimento de recuperação de desastres são apoiar o desenvolvimento contínuo para que o desenvolvimento prossiga com o mínimo de tempo de paragem no caso de um desastre

Os desastres no processo de desenvolvimento podem impedir a continuidade do projeto e podem resultar de muitos factores, incluindo as seguintes situações:

Ataque de vírus. Uma vez que este desenvolvimento implica a utilização da Internet, os novos vírus podem destruir todos os dados e o desenvolvimento numa rede. Já aconteceu uma situação em que os servidores de desenvolvimento e a estação de trabalho foram infectados com vírus, o que exigiu a reformatação de todos os discos rígidos afectados.

Falha no disco rígido. Uma falha no disco rígido de desenvolvimento pode interromper o desenvolvimento, resultando em perda parcial ou total do software de desenvolvimento.

Roubo. O roubo pode prejudicar um ambiente de desenvolvimento, com a perda de equipamento e software vitais no local afetado.

Estas são preocupações de desenvolvimento da vida real com que nos deparámos, e foram tomadas medidas para recuperar destas situações com um tempo de inatividade mínimo. O site espelhado foi capaz de suportar o desenvolvimento contínuo enquanto o site danificado estava a ser restaurado.

6.6 Desenvolvimento do sistema:

Em geral, o desenvolvimento do sistema de UMEP consiste nas seguintes etapas:

6.6.1 Rever o produto

6.6.2 Conceber o programa

6.6.3 Completar o documento do programa

6.6.4 Codificação de programas

Durante esta fase, os programas foram escritos e a interface do utilizador foi desenvolvida. Os componentes construídos foram colocados em funcionamento

Abordagem de codificação

O sistema foi desenvolvido modularmente através de uma abordagem descendente, que permite que os módulos de nível superior sejam codificados antes dos módulos de nível inferior.

Estilo de codificação

O conceito de codificação adotado garante uma manutenção fácil do sistema e um aperfeiçoamento futuro

6.6.5 Testar o programa

6.6.5.1 Abordagem de teste

O teste de software é o processo utilizado para ajudar a identificar a correção, a integridade, a segurança e a qualidade do software informático desenvolvido. O teste é um processo de execução de um programa ou aplicação com o objetivo de encontrar erros. Com isto em mente, os testes nunca podem estabelecer completamente a correção de um software de computador arbitrário. Por outras palavras, testar é uma crítica ou comparação, ou seja, comparar o valor real com um valor esperado

6.6.5.2 Tipo de ensaio

Existem vários tipos de testes; cada tipo valida diferentes aspectos do software

A Figura 6.1 mostra o processo de teste

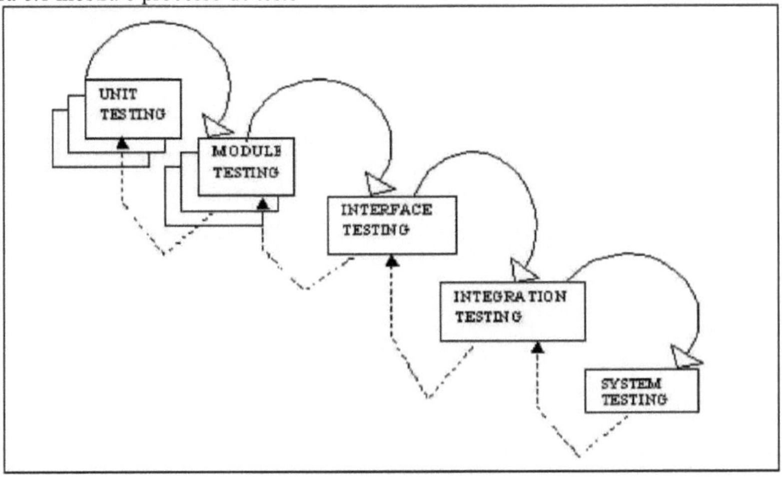

Figura 6.1: Processo de teste

Testes unitários

Esta fase tem como objetivo testar os componentes mais pequenos do código. As unidades iniciais deste projeto são os módulos individuais, cada um dos quais pode ser composto por várias unidades.

▪ Teste de caixa preta

Este é um procedimento de teste funcional para determinar se a unidade cumpre as suas especificações. Por exemplo, no ecrã que permite a introdução de duas entradas. A saída é então estudada. O resultado é estudado se produz uma saída bem sucedida, o que indica um teste bem sucedido. Nos testes da caixa negra, apenas nos preocupamos com as entradas e as saídas geradas como resultado do teste. O teste da caixa negra preocupa-se apenas com a funcionalidade. Se a saída estiver incorrecta ou não houver saída de dados, o teste falhou.

■ Teste de caixa branca

Se o resultado de um teste de caixa negra indicar uma falha, existem outras abordagens para retificar o problema. Neste caso, é necessária a abordagem de teste estrutural, em que o código é analisado. O conhecimento da estrutura do componente é vital nos testes de caixa branca.

■ Fluxo do código

É muito frequente ser necessário examinar o fluxo ou o caminho de um segmento de código. Isto pode levar a um exame cada vez mais profundo do fluxo da lógica do código. O teste do caminho também faz parte do exame do fluxo do código, que traça o fluxo do programa de um ponto a outro.

■ Teste de módulos

Quando cada uma das unidades tiver sido testada, é necessário garantir que os módulos funcionam em conjunto. É o caso do módulo de comércio eletrónico como uma unidade. Depois, existe o módulo de administrador para iniciar a chamada para o módulo de comércio eletrónico e, consequentemente, obter os resultados do módulo. O módulo de comércio eletrónico é composto por várias unidades que são combinadas entre si, como o leilão, o registo e o carrinho de compras. Cada uma destas unidades deve ter sido testada anteriormente e combinada para formar o portal de comércio eletrónico. Cada unidade não funciona sozinha, cada unidade depende de outra unidade.

Teste de interface

O teste da interface neste projeto é muito importante. Os dados são transmitidos entre o cliente e o servidor Web. Estes dados devem estar em conformidade com as mesmas normas e devem chegar ao seu destino na forma esperada. Nos testes de interface, precisamos de saber se estas mensagens estão efetivamente no formato esperado por ambas as partes.

Teste de integração

Existem dois tipos de testes de integração: os testes incrementais e os testes não incrementais. Os
testes não incrementais combinam todos os módulos e testam o programa. Com o teste incremental,
combina e testa sistematicamente cada módulo. O teste de integração do UMEP utiliza a abordagem
de teste de linha (uma das abordagens de teste no teste incremental) para efetuar o teste de integração.
O teste de integração começa por integrar grupos de módulos que implementam funções em conjunto.
Em seguida, continua a integrar e a testar, adicionando uma função de cada vez. Esta abordagem
permite uma melhor visibilidade e acompanhamento das actividades de teste de integração. Este teste
irá expor quaisquer inconsistências em cada módulo, bem como inconsistências na própria integração.
Como o UMEP foi desenvolvido em sua própria estrutura, também é necessário testar a consistência
entre o módulo base da estrutura UMEP e o módulo do sistema UMEP. A Figura 6.2 mostra o teste
do thread de integração

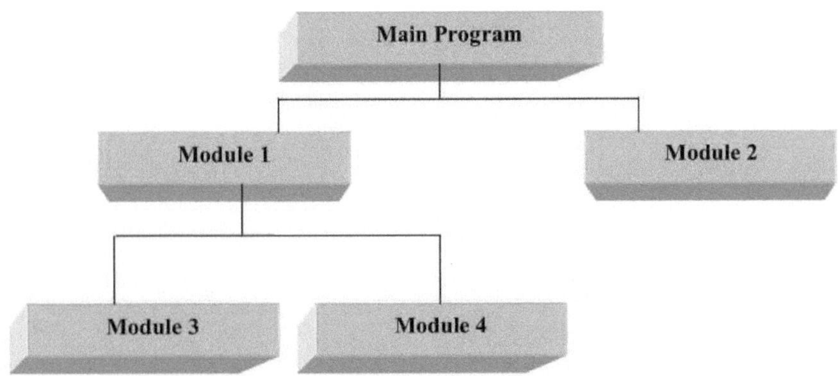

Figura 6.2 Teste das linhas de integração

Teste do sistema

A etapa final do teste é o teste do sistema, em que é efectuada uma série de testes para exercitar todo
o sistema. O sistema completo inclui tanto a interação entre os módulos, como a interação com o

hardware. O seu objetivo é encontrar discrepâncias entre o sistema e os seus requisitos. Trata-se de validar os requisitos funcionais do sistema. Neste projeto, existe também o fator rede e a interação entre diferentes computadores na rede.

Se o sistema funciona numa máquina, poderá funcionar noutras máquinas com diferentes conjuntos de hardware e software? Neste caso, foi necessário testar alojando o UMEP numa máquina e testando a forma como os clientes de outras máquinas acedem às páginas Web do UMEP. É também necessário testar o desempenho do sistema, o teste de esforço, os direitos de acesso de segurança, a usabilidade, a integridade dos dados, o tratamento de erros e a recuperação.

Capítulo 7

7 Avaliações do sistema e conclusões

7.1. Introdução
Este capítulo destaca os problemas encontrados durante o processo de desenvolvimento do UMEP.

Além disso, discute-se a avaliação do sistema UMEP e o objetivo que foi alcançado

7.2 Problemas encontrados

- Conhecimentos e competências limitados em matéria de ferramentas de desenvolvimento

O Visual Studio .NET 2005 é uma poderosa ferramenta de desenvolvimento que oferece muitas

funcionalidades avançadas e mais complicadas. Existem muitos componentes no Visual Studio .NET

2005, que são úteis para melhorar o desempenho e o design do sistema. No entanto, como principiante

na plataforma .NET, nem todos os componentes são totalmente utilizados.

- Problemas de programação

A fase inicial de desenvolvimento foi bastante lenta, uma vez que o programador é novo no domínio

da programação. Havia incertezas quanto à configuração dos direitos de acesso, à ligação entre a

interface e o SGBD, à extração de registos do SGBD e ao descarregamento de dados. Os problemas

foram resolvidos tardiamente após discussão com o supervisor e orientação para recursos da Internet

e livros sobre programação.

7.3 Força do sistema

As Vantagens UMEP são as seguintes

Palavra-passe de proteção e nome de utilizador

O nome de utilizador e a palavra-passe são encriptados na base de dados

Interface amigável para o utilizador

A página Web foi concebida de forma simples e sistemática para facilitar a navegação e a exploração

do sítio Web pelos utilizadores. O desenho do ecrã mantém a sua coerência em todo o sistema. Todos

os estilos e tipos de letra são os mesmos em todo o sistema

Segurança

A segurança é um dos módulos importantes deste sistema. A segurança do sistema é implementada utilizando o espaço de nomes ***System.Security.Cryptography*** que vem com o ASP.net 2.0. O espaço de nomes é utilizado para encriptar a cadeia de ligação no ficheiro Web.config, bem como para encriptar o nome de utilizador e a palavra-passe na base de dados.

▪ Mobilidade

O principal objetivo do UMEP é ser implantado e acessível facilmente a partir de qualquer local através da Internet. Este sistema pode ser avaliado facilmente através de um navegador Web, como o Internet Explorer e o Netscape Navigator.

Suporta um **elevado volume de utilizadores**

O UMEP é implementado utilizando o SQL Server 2005, o que o torna apto a lidar com um grande número de utilizadores no futuro.

7.4 Avaliação do sistema

O UMEP é avaliado com base nas reacções dos utilizadores do sistema existente, o que permitiu determinar o desempenho e os problemas do UMEP existente. Isto é importante porque, através do estudo do feedback de muitos tipos de utilizadores, é possível construir "uma lista de desejos" de requisitos com base no feedback dos utilizadores. As funções dos questionários consistem em obter a sua opinião sobre a interface do utilizador e a implementação do sistema. A metodologia de análise do questionário consistiu nas seguintes etapas:

Preparar o questionário e imprimir (50 cópias)

Explicar o questionário aos utilizadores

Recolher a resposta dos utilizadores

Importar o resultado para o Microsoft Excel

Inserir gráficos para visualizar os dados

Resumir e analisar os resultados

Foi realizado um inquérito para recolher a opinião pública sobre os pontos fortes e fracos do sistema existente. O questionário foi entregue aos utilizadores diretamente envolvidos na utilização do sistema para acompanhar os problemas. As perguntas actuais são apresentadas no apêndice A. Foram enviados 50 questionários aos utilizadores, tendo sido recebidas 43 respostas até à data de conclusão do relatório. A análise do questionário é apresentada na tabela 7.1

Quadro 7.1 Resultados da contabilização das respostas ao questionário

Response	1	2	3	4	5
Question 1	0	0	3	15	25
Question 2	0	0	0	30	15
Question 3	0	0	10	13	20
Question 4	0	0	0	4	39
Question 5	0	5	17	7	14
Question 6	3	7	11	13	9
Question 7	0	0	0	6	37
Question 8	0	0	0	3	40
Question 9	12	7	10	0	14
Question 10	10	7	2	4	20

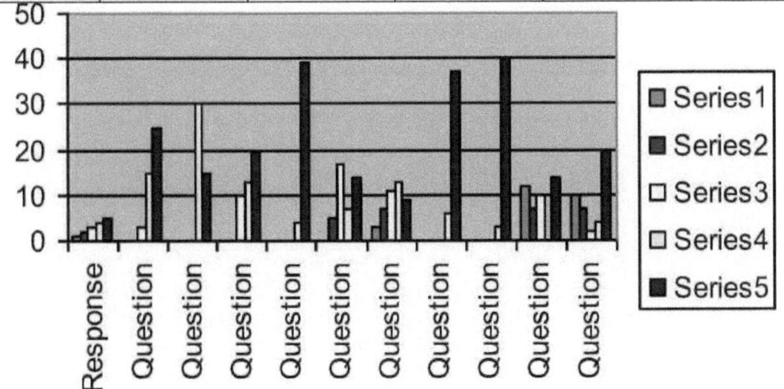

Figura 7.1 Resultado do questionário

7.5 Melhoria futura

Integração com outros sistemas existentes

Para além do UMEP, o sistema pode ser alargado de modo a incluir o módulo de registo de estudantes, o módulo de inscrição de estudantes, o módulo financeiro, o módulo de elaboração de horários, etc. Para além disso, se houver algum sistema de base de conhecimentos disponível no futuro, pode também ser integrado no UMEP para melhorar as suas funcionalidades.

Suporta **várias bases de dados**

Para além de suportar a base de dados SQL Server 2005, o UMEP pode ser melhorado para suportar várias bases de dados como Oracle, Informix, MySQL, Sybase, DB2, etc.

Suporta vários navegadores Web

O UMEP pode ser melhorado para suportar vários navegadores Web para além do Internet Explorer e do Netscape, que foram testados. Estes browsers incluem o Opera, o Morziall FireFox e outros browsers.

Suporte para vários dispositivos

A estrutura UMEP pode ser melhorada para suportar vários dispositivos como PDA, terminais portáteis e telemóveis inteligentes.

7.6 Conhecimentos e experiência adquiridos

Trabalhar neste projeto foi uma experiência muito gratificante. Até mesmo escrever este relatório é uma alegria, pois desejamos que houvesse mais tempo para o escrever. Grande parte do conhecimento adquirido é na área da utilização de novas tecnologias. Estas tecnologias incluem:

Páginas principais.

Esta funcionalidade do ASP.net permite definir uma estrutura comum e elementos de interface para o seu site, tais como um cabeçalho de página, rodapé ou barra de navegação, numa localização comum denominada "página principal", a ser partilhada por muitas páginas do seu site. Num único local, pode controlar o aspeto, a sensação e muitas das funcionalidades de um sítio Web inteiro. Isto melhora a facilidade de manutenção do seu sítio e evita a duplicação desnecessária de código para a estrutura ou comportamento partilhados do sítio.

Serviço de adesão

Um dos melhores novos recursos do ASP.NET 2.0 é o novo serviço de associação, que fornece uma API fácil de usar para criar e gerenciar contas de usuário. O ASP.NET 1.*x* introduziu a autenticação de formulários para as massas, mas ainda exigia que você escrevesse uma quantidade razoável de código para fazer a autenticação de formulários do mundo real. O serviço de associação preenche as lacunas nas ofertas de autenticação de formulários do ASP.NET 1 e torna a implementação da autenticação de formulários muito mais simples do que antes.

A API de associação é exposta através de duas novas classes: Membership e MembershipUser. A primeira contém métodos estáticos para criar utilizadores, validar utilizadores, entre outros. MembershipUser representa utilizadores individuais e contém métodos e propriedades para recuperar e alterar palavras-passe, obter datas de último início de sessão e afins.

▪ Personalização

Outro novo serviço é a personalização, que fornece uma solução pronta para o problema de armazenar definições de personalização para os utilizadores do seu sítio. Atualmente, essas definições são normalmente armazenadas em cookies, bases de dados back-end ou uma combinação dos dois. O serviço de personalização ASP.NET 2.0 facilita o armazenamento de definições por utilizador e a sua recuperação à vontade. Baseia-se em perfis de utilizador, que podem ser definidos em Web.config utilizando o novo elemento <profile>.

7.7 Conhecimentos e experiência adquiridos

Esta é uma boa oportunidade para eu crescer, não só para melhorar as competências técnicas e os conhecimentos, mas também para ser mais maduro no planeamento, conceção e utilização da engenharia de software correcta para desenvolver este sistema. Além disso, ganhei muita experiência e conhecimentos com a configuração do Microsoft SQL Server 2005 e compreendi o conceito de ASP.net 2.0 e XML.

A experiência mais valiosa é a capacidade de percorrer todo o ciclo de vida do desenvolvimento de sistemas. Embora as competências de programação sejam essenciais, as boas práticas em matéria de técnicas de engenharia de software também devem ser aplicadas de forma eficiente. Aqui, as teorias aprendidas na análise e conceção de sistemas foram literalmente utilizadas.

Verifica-se também uma melhoria significativa das competências de apuramento de factos e de pesquisa de informação. Alguns dos melhores recursos encontram-se no sítio Web oficial do Visual Web Developer 2005 e no MDSN

7.8 Conclusão

Em resumo, o objetivo do projeto foi alcançado. Para conceber o quadro, o investigador começou por recolher informações sobre sistemas semelhantes disponíveis na World Wide Web e, em seguida, analisou os requisitos do utilizador. Os requisitos do utilizador foram analisados para se chegar à conceção mais completa do sistema.

Para atingir o segundo objetivo, que consiste em desenvolver e implementar um portal de comércio eletrónico baseado no campus, o investigador concebeu a base de dados, bem como a codificação do sistema, e depois carregou-o no servidor da universidade, tendo sido submetido a um período de testes maciços e provado ser suficientemente robusto para lidar com os estudantes mais exigentes. Para atingir o terceiro objetivo, que consiste em implementar várias técnicas de segurança no portal de compras electrónicas, o investigador utilizou as mais recentes tecnologias de segurança disponíveis nas actuais compras em linha, que incluem o quadro .NET e são utilizadas por muitos sítios de compras em linha na Internet, como a autenticação, a encriptação e o acesso a funções. Este projeto é uma implementação real num ambiente universitário. O sistema proporcionou algumas funcionalidades excelentes e úteis para todos os estudantes da UM. Este projeto trouxe benefícios reais para a UM, quer em termos de rentabilidade quer de produtividade.

Apêndice A

O seguinte inquérito foi distribuído a 50 estudantes da UM

Questionários

Escalas:

1: discordo totalmente 2: discordo 3: indeciso   4: concordo 5: concordo totalmente

1	As categorias na página inicial dão acesso às informações mais importantes de que necessita	1	2	3	4	5
2	O novo portal em linha E-commercecampus é mais familiar para as aplicações de navegação na Web.	1	2	3	4	5
3	O sistema de leilão é fácil de utilizar	1	2	3	4	5
4	O novo sistema deve ser utilizado em todas as instituições de ensino superior	1	2	3	4	5
5	A UMEP poupa mais tempo.	1	2	3	4	5
6	O novo portal de comércio eletrónico em linha é seguro	1	2	3	4	5
7	O novo sistema é mais colorido e agradável à vista.	1	2	3	4	5
8	A UMEP é muito importante para a universidade	1	2	3	4	5
9	Estou satisfeito com a nova UMEP	1	2	3	4	5
10	É necessário melhorar o sistema atual (questões de segurança / navegação)	1	2	3	4	5

* UMEP: Portal **de comércio** eletrónico da Universidade da Malásia

Índice

I want morebooks!

Buy your books fast and straightforward online - at one of world's fastest growing online book stores! Environmentally sound due to Print-on-Demand technologies.

Buy your books online at
www.morebooks.shop

Compre os seus livros mais rápido e diretamente na internet, em uma das livrarias on-line com o maior crescimento no mundo! Produção que protege o meio ambiente através das tecnologias de impressão sob demanda.

Compre os seus livros on-line em
www.morebooks.shop

Printed by Books on Demand GmbH, Norderstedt / Germany